ÉTUDE

SUR

UNE FORME INSOLITE

QUE PEUT PRENDRE

L'UTÉRUS PENDANT LA GROSSESSE

ET QUI A ÉTÉ INCOMPLÈTEMENT DÉCRITE SOUS LES NOMS DE

DÉVELOPPEMENT SACCIFORME DE LA PAROI POSTÉRIEURE DE L'UTÉRUS,

DE RÉTROVERSION PARTIELLE DE CET ORGANE,

OU CONFONDUE AVEC LA RÉTROVERSION UTÉRINE

PAR

LE PROFESSEUR DEPAUL

Extrait des *Archives de Tocoloige*.
(Numéros de Janvier 1876 et suivants).

PARIS

V. ADRIEN DELAHAYE ET Cⁱᵉ, LIBRAIRES-ÉDITEURS

PLACE DE L'ÉCOLE DE MÉDECINE

1876

ÉTUDE

SUR

UNE FORME INSOLITE

QUE PEUT PRENDRE

L'UTÉRUS PENDANT LA GROSSESSE

ET QUI A ÉTÉ INCOMPLÈTEMENT DÉCRITE SOUS LES NOMS DE

DÉVELOPPEMENT SACCIFORME DE LA PAROI POSTÉRIEURE DE L'UTÉRUS,
DE RÉTROVERSION PARTIELLE DE CET ORGANE,
OU CONFONDUE AVEC LA RÉTROVERSION UTÉRINE.

PAR

LE PROFESSEUR DEPAUL

Extrait des ARCHIVES DE TOCOLOGIE,
(Numéros de janvier 1876 et suivants).

PARIS

V. ADRIEN DELAHAYE et Cᵉ, LIBRAIRES-ÉDITEURS

Place de l'Ecole-de-Médecine.

1876

ÉTUDE

SUR UNE

FORME INSOLITE QUE PEUT PRENDRE L'UTÉRUS PENDANT LA GROSSESSE

ET QUI A ÉTÉ INCOMPLÈTEMENT DÉCRITE SOUS LES NOMS DE DÉVELOPPEMENT SACCIFORME DE LA PAROI POSTÉRIEURE DE L'UTÉRUS, DE RÉTROVERSION PARTIELLE DE CET ORGANE, OU CONFONDUE AVEC LA RÉTROVERSION UTÉRINE.

La forme particulière que la matrice affecte, parfois, chez la femme enceinte et dont j'ai l'intention de m'occuper dans ce travail, a peu fixé l'attention des accoucheurs. Parmi les auteurs les plus modernes quelques-uns ne l'ont pas mentionnée, ou l'ont fait en termes tellement vagues qu'il serait bien difficile, avec ce qu'ils en ont dit, de se faire une idée nette de ce qu'est une pareille disposition, de remonter à sa cause première, et de soupçonner les conséquences graves qu'elle peut entraîner au moment de l'accouchement. Mon but est de combler cette lacune et de montrer qu'un chapitre nouveau doit être ajouté à ceux que nous possédons déjà sur les causes de dystocie qui se lient à certains états des organes génitaux de la femme. Le premier fait de ce genre qui s'est offert à mon observation remonte à près de vingt ans; je fus assez heureux pour le bien apprécier, et la femme put être sauvée. Tout récemment j'en ai vu un second que j'ai complètement méconnu, quoique le souvenir du premier fût présent à mon esprit, et je reconnais que par mon intervention j'ai ajouté à la gravité de la situation, qui existait déjà lorsque la malade fut apportée dans mon service de la Clinique. Le résultat malheureux que j'ai observé m'a vivement impressionné: Je voudrais que cet exemple ne fût pas perdu, et je m'estimerai heureux si, par l'empressement que je mets à publier l'erreur que j'ai commise, je pouvais empêcher quelques-uns de mes confrères de se tromper à leur tour.

Il convient d'abord de déterminer d'une manière précise à quelle disposition anatomique corsespond l'état particulier de l'utérus que je me propose d'étudier dans ce travail, et auquel je conserverai le nom de *développement sacciforme de la paroi postérieure* de cet organe. Pour cela il faut que je passe rapidemenet en revue la manière d'être de l'utérus à l'état normal, comme forme et comme situation, et que je le suive, à ce double point de vue, dans ses évolutions pendant la grossesse. C'est le seul moyen d'éviter les confusions qui ont été faites entre des choses entièrement dissemblables.

La forme de l'utérus pendant l'état de vacuité est trop connue pour j'aie beaucoup à y insister ; c'est celle d'une poire allongée et applatie d'avant en arrière, dont la grosse extrémité est dirigée en haut, et la petite en bas. La direction relativement au bassin est oblique du haut en bas et d'avant en arrière; elle est à peu près la même que celle de l'axe du détroit supérieur. A ce double point de vue, des états pathologiques acquis ou congénitaux peuvent produire des changements divers dont je n'ai pas à m'occuper ici. J'ai à peine besoin de dire que les altérations de forme et de direction ne sont pas sans influence sur la fécondation et la marche régulière de la grossesse.

Quand celle-ci survient, la direction de l'utérus se modifie peu, en général, et surtout chez les primipares dont les parois abdominales plus résistantes la maintiennent dans l'état où elle était antérieurement. Elle peut cependant subir des modifications variées qui ont été décrites depuis longtemps, et auxquelles Deventer a fait jouer un rôle beaucoup trop important, ce qui ne veut pas dire qu'elles ne méritent dans certains cas une attention spéciale. Elles sont connues sous le nom d'obliquités utérines et on en admet de quatre espèces, l'antérieure, la postérieure et deux latérales. Dans tous ces cas c'est un mouvement en masse qui s'est opéré, le grand diamètre de l'organe s'est incliné dans l'une ou l'autre de ces directions. De semblables déplacements ne doivent pas être confondus avec les flexions utérines : Dans les premiers l'axe reste rectiligne et ne fait que s'incliner; dans les seconds il s'infléchit sur lui-même et ses deux extrémités se rapprochent soit en avant, soit en arrière, soit même sur les parties latérales. Ces flexions, qui ne sont pas rares chez les femmes qui n'ont jamais été enceintes, sont très-exceptionnelles pendant la grossesse, et encore ne les rencontre-t-on que comme conséquences de quelques antéversions exagérées, ou dans la rétroversion des premiers mois qui est devenue irréductible; indépendamment de ces inclinaisons et de ces flexions, le grand axe de la matrice, tout en demeurant rectiligne, peut tourner sur lui-même de façon à changer les rapports des parois utérines, d'où résulte qu'une des régions latérales se porte plus ou moins en avant et se rapproche de la ligne médiane. Ceux qui ont eu des opérations césariennes à pratiquer savent que cette disposition est très-commune et qu'elle exige des précautions particulières.

La forme du corps de l'utérus pendant la gestation régulière subit de nombreux changements ; on peut les résumer d'une manière générale en disant qu'elle s'arrondit dans les premiers mois, qu'elle s'allonge plus tard et reste ovalaire jusqu'à la fin. Plusieurs conditions peuvent la modifier ; mais je n'ai pas à décrire ces modifications. Les indications rapides qui précédent suffisent pour l'intelligence du sujet dont je m'occupe : Ce sur quoi j'ai à insister spécialement, c'est à montrer que le *développement sacciforme* a une origine toute particulière qui ne dépend ni d'une simple flexion, ni d'un tout autre changement de l'axe de la matrice. C'est dans un accroissement inégal dans différentes régions de l'organe qu'il faut en chercher l'explication.

Mais avant d'entrer dans les développements que comporte l'étude de la question que je me propose d'examiner, je crois utile de faire connaître les deux observations que j'ai pu recueillir dans ma pratique.

Je commence par la plus ancienne qui remonte à 1857. Quoiqu'elle n'ait été livrée à la publicité que le 2 août 1864, elle était connue à Paris de tous ceux qui s'occupent d'accouchements. Chaque année dans mon enseignement clinique, je la racontais à mes élèves, et c'est par déférence pour mon confrère, M. Parise, que je lui avais laissé le soin de la communiquer lui-même à l'Académie, ce qui n'eut lieu que plusieurs années après. Un rapport de M. Devilliers me fournit l'occasion de m'expliquer, et j'essayai de démontrer que l'interprétation du savant médecin de Lille n'était pas acceptable.

(No 1) *Observation de M. Parise, suivie du rapport de M. Devilliers et d'une communication de M. Depaul qui avait été appelé à Lille pour ce cas.*
(Séances de l'Académie de médecine du 2 août 1864 et 19 sept. 1865.)

Le titre que M. Parise avait donné à cette observation était le suivant :

Sur une nouvelle cause de dystocie, la grossesse utéro-interstitielle.

« Messieurs, dit M. Devilliers, vous nous avez chargés, M. Depaul et moi, de vous rendre compte du mémoire dont nous venons de rapporter le titre. L'importance de celui-ci et l'interprétation que nous croyons devoir donner au fait qui lui sert de base, nous obligent à vous en rappeler les principaux détails.

Une dame, appartenant à la classe élevée de la société, offrant une bonne constitution, une bonne santé et une conformation régulière, se marie à 18 ans 1/2 et devint enceinte au bout de quinze mois ; sa grossesse ne présenta rien de particulier et elle accoucha à terme, en sept. 1852, d'un enfant mâle et bien développé, à la suite d'un travail prompt et facile. Les suites de couches sont normales.

En 1855, deuxième grossesse, terminée à deux ou trois mois par un avortement sans cause connue. Bientôt après son rétablissement, Mme X... reconnaît qu'elle est de nouveau enceinte. Pendant le cours de cette nouvelle grossesse, à part quelques légères maladies habituelles à cet état, la santé est excellente. Mme X..., alors âgée de 25 ans, devait, d'après ses calculs, accoucher vers le 25 juin 1857. En effet, ce jour même, elle ressent quelques douleurs intérieures, mais qui cessent bientôt et ne se reproduisent que plus d'un mois après, c'est-à-dire le 28 juillet, s'accompagnant cette fois de l'écoulement d'une notable quantité de sang.

Néanmoins les douleurs cessent encore au bout de quelques heures, pour recommencer trois jours après, mais très-légères, avec une durée très-courte et à intervalles assez éloignés, jusqu'au 3 août, jour où le Dr Parise, inquiet de cette prolongation et de cette irrégularité de la marche du travail, procède à un examen direct. Il sent au fond du vagin une tumeur du volume du poing, hémisphérique, ayant la consistance du col utérin ramolli comme dans la dernière période du travail. L'orifice du col est situé très-haut, presque directement en avant et un peu à droite de la tumeur. Il a la forme d'une fente demi-circulaire, dont la convexité regarde en avant et à droite, et la concavité embrasse la demi-circonférence de la tumeur. Il est dilatable et constitué par les deux lèvres du col. L'antérieure réduite à un petit cordon aplati, de 7 à 8 millim. de hauteur, nettement distincte du vagin, dont elle est séparée par un sillon bien dessiné et très-profond en arrière et à gauche, tandis qu'en avant et à droite elle forme une saillie arrondie sur laquelle se moule la bandelette constituant la lèvre antérieure.

A travers l'épaisseur des parois de la tumeur vaginale, constituée par la lèvre postérieure, le Dr Parise croit reconnaître les tubérosités sciatiques d'un fœtus. Cette présentation du siége est confirmée : 1º par le palper abdominal qui est facile à exécuter chez Mme X..., et qui permet de constater que la tête du fœtus est située à droite et vient s'appuyer sur la branche horizontale du pubis ; 2º par l'auscultation qui décèle la présence des doubles battements cardiaques à la partie la plus élevée du globe utérin, au-dessus de l'ombilic et sur la ligne médiane.

Par le toucher rectal on sent la tumeur vaginale se continuant avec l'utérus sans ligne de démarcation, et il est facile de constater que l'insertion du vagin remonte en arrière de la tumeur, avec laquelle elle vient se confondre.

A la suite de cette exploration, les eaux de l'amnios, colorées par du méconium, commencèrent à s'écouler à chaque douleur.

Le Dr Bailli (de Lille), appelé en consultation, constata l'état des parties tel qu'il vient d'être décrit et fut d'avis qu'il fallait attendre. Des bains furent donnés chaque jour ; les douleurs, qui restaient faibles, irrégulières et éloignées, avaient seulement produit l'effacement complet du cordon représentant la lèvre antérieure, tandis que la lèvre postérieure était devenue plus mollasse, plus fongueuse et plus épaisse. Pendant les jours suivants, l'état de Mme X... resta satisfaisant, mais les mouvements du fœtus s'affaiblirent et le 7 août, dans la soirée, Mme X... fut prise d'un violent frisson qui dura plus de deux heures et fut suivi d'une violente réaction. Le fœtus venait de mourir. La fièvre, sans délire, sans douleur abdominale, dura vingt-quatre heures et se termina par une sueur abondante. On résolut de pratiquer sur le col des douches qui développèrent en effet quelques contractions fortes et durables, mais n'amenèrent aucun changement dans la forme et la position des parties.

C'est alors qu'on procéda à une exploration plus directe et plus complète de celles-ci, en introduisant la main tout entière. Le Dr Parise reconnut, après quelques tâtonnements, que la tête du fœtus était placée à droite, sur la branche pubienne, que son plan antérieur regardait à gauche et un peu en arrière, qu'en pénétrant avec peine plus profondément, les doigts parvenaient à accrocher le bord supérieur d'une cloison divisant l'utérus en deux cavités distinctes, mais communiquant en haut par une ouverture arrondie qui était occupée par le corps du fœtus plié en deux sur sa face ventrale. Le Dr Parise estime à plus de 20 centimètres la hauteur de cette cloison, depuis son insertion au col jusqu'à son bord supérieur, lequel avait l'épaisseur d'un doigt, était lisse, résistant et formait la moitié inférieure d'une ouverture arrondie, dont la moitié supérieure était formée par le contour supérieur du corps de l'utérus, ouverture par laquelle le corps de l'enfant passait d'une cavité dans l'autre. L'ombilic répondait au bord concave de la cloison, et l'on sentait les deux pieds sur les côtes de l'ombilic, ce qui fit supposer que les membres inférieurs, fortement fléchis sur le bassin, étaient étendus sur le devant de l'abdomen et que les fesses seules, plongeant au fond de la poche, étaient bien les parties que l'on percevait à travers les parois utérines au fond du vagin.

M. Parise et le Dr Bailli, cherchant à profiter de cette exploration et de la présence des pieds de l'enfant près des bords de l'ouverture qui vient d'être décrite, essayèrent de les saisir pour opérer sa version et son extraction, mais leurs tentatives restèrent infructueuses et ils pensèrent qu'il fallait avoir recours à une incision de la cloison, qui divisait en deux la cavité de l'utérus.

C'est alors que notre collègue, M. Depaul, le quatorzième jour depuis le début du travail, fut mandé de Paris afin de donner son avis et d'agir en conséquence.

En effet, après avoir introduit sa main gauche avec quelques difficultés, il accrocha aves les doigts le bord du col qui formait la prétendue cloison indiquée plus haut, pratiqua sur elle deux petites incisons qui lui permirent de sortir l'un des pieds du fœtus et de l'extraire avec la plus grande facilité. C'était un enfant du sexe masculin, d'un volume au-dessus de la moyenne et dans un état de putréfaction assez avancée; la délivrance et les suites de couches furent complètement normales.

Le Dr Parise s'assura, immédiatement après l'extraction de l'enfant, qu'il n'existait pas de tumeur pathologique du col, et un nouvel examen fait un an après, démontra que cet organe ne différait pas de l'état normal. »

Voilà le résumé fidèle de l'observation lue par M. Parise devant l'Académie. Elle se terminait par les conclusions suivantes que je crois devoir reproduire, parce qu'elles expriment bien l'opinion que ce médecin distingué s'était faite, à tort, selon moi de ce cas intéressant :

1° Un fœtus bien conservé peut se développer à la fois dans l'utérus et dans l'épaisseur de ses parois, de manière à constituer une grossesse utéro-interstitielle ;

2° Cette disposition peut s'opposer à l'accouchement naturel et constituer une cause de dystocie à ajouter à celles déjà trop nombreuses que l'on connaît ;

3° Elle peut retarder le développement des contractions utérines et prolonger, au-delà de son terme naturel, la durée de la gestation ;

4° Elle peut être diagnostiquée assez à temps pour que le chirurgien puisse y porter remède et sauver, non-seulement la mère, mais aussi l'enfant ;

5° On devra la soupçonner aux symptômes suivants : Tumeur volumineuse arrondie, occupant le fond du vagin, formée aux dépens d'une des lèvres du col et dans l'intérieur de laquelle on sent des portions fœtales : orifice utérin situé très-haut sur un côté de la tumeur qu'il embrasse en manière de croissant ;

6° Elle peut être prise pour une tumeur pathologique, hypertrophique ou autre, d'une des lèvres du col, laquelle présente les mêmes symptômes, moins la présence des parties dures, fœtales dans son intérieur ;

7° Mais il est plus facile de la confondre avec une grossesse interstitielle coïncidant avec une grossesse utérine, dans ce cas les symptômes devant être exactement les mêmes ;

8° Le moyen le plus certain d'assurer le diagnostic, consiste à introduire la main gauche si la tumeur fœtale est à gauche et *vice-versâ*; on glisse cette main entre la tumeur et le fœtus et on la porte assez haut pour constater que le fœtus tout entier est contenu dans l'utérus et qu'aucune de ses parties n'est logée dans la tumeur ;

9° La grossesse utéro-interstitielle étant reconnue, rien n'est plus simple que de faire disparaître l'obstacle qu'elle apporte à l'accouchement. Il faut introduire la main, accrocher avec le bout des doigts le bord supérieur de la cloison qui sépare les deux cavités, porter sur ce bord un bistouri boutonné droit ou convexe, fixé sur un long manche, et inciser la cloison de haut en bas et dans une étendue suffisante pour pouvoir dégager facilement la portion du fœtus logée dans la poche interstitielle ;

≅ 10° Cette petite opération, véritable hystérotomie externe, pratiquée à temps, peut sauver la vie de la mère et de l'enfant.

Voici maintenant les principales réflexions que l'étude de ce fait suggéra au rapporteur. Je dirai ensuite comment, séance tenante, je cherchai à l'interpréter en n'acceptant pas les suppositions faites par M. Parise. M. Devilliers n'admet pas qu'il soit possible qu'un fœtus ait pu se développer jusqu'au terme de la grossesse, moitié dans l'utérus, moitié dans l'épaisseur des parois de cet organe, en écartant ses fibres et en y creusant une large cavité sans déterminer du côté de l'utérus quelques symptômes insolites. Ce qu'on sait des grossesses tubaires ou tubo-utérines qui ne dépassent pas en général le quatrième mois, n'est pas favorable à une pareille hypothèse. La cloison dont il est parlé, et qui aurait divisé la cavité utérine en deux parties, n'est pas décrite de manière à donner une idée exacte de ses limites et de ses points d'insertion. Il n'est rien dit du kyste qui aurait du envelopper le fœtus. Après la délivrance, on trouve à l'utérus une disposition tout à fait normale, etc. Le rapporteur trouve, au contraire, dans les détails que contient l'observation, tous les éléments nécessaires pour arriver à une interprétation différente ; il rappelle comment, dans les bassins larges, avec certaines déviations congénitales ou acquises de l'utérus, la partie fœtale qui se présente peut pousser au devant d'elle la portion du segment inférieur avec laquelle elle est en rapport, le col pouvant alors être fortement dévié, soit en arrière, soit en avant, soit même sur les côtés. Il signale une autre disposition, qui, selon lui, offre une certaine analogie avec le fait observé par le Dᵉ Parise. « Chez certaines femmes dont le plan du détroit supérieur est très-sensiblement incliné en avant, dont les parois utérines et abdominales presentent une suffisante laxité, le corps de l'utérus est projeté en avant et le ventre tombe en besace au devant des pubis et jusque sur les cuisses de la femme, dans la position assise ; le col de l'utérus est ordinairement rejeté en arrière du bassin, et l'une des extrémités fœtales plonge dans le fond de l'utérus qui pend au devant des pubis, tandis que l'autre extrémité reste au détroit supérieur, ou engagée partiellement dans l'excavation, y reste sans pouvoir progresser si on ne prend pas certaines précautions pour redresser l'organe. »

Je pris la parole après le rapport de M. Devilliers, et voici, textuellement les observations que je présentai (voir page 1229 et suivantes des *Bulletins de l'Académie*, séance du 19 septembre 1865) :

, « Messieurs, le Rapport que vous venez d'entendre sur une observation de M. Parise, se rattache à un cas tellement intéressant pour ceux qui s'occupent d'obstétrique, que je vous demande de vouloir bien m'accorder quelques instants pour vous dire de quoi il s'agissait bien réellement.

« Quoiqu'il m'en coûte de me séparer de mon savant collègue, je ne puis accepter une interprétation qui me paraît complètement erronée. D'un autre côté, je me crois d'autant plus le droit d'intervenir dans cette discussion que j'ai été appelé à Lille, à l'occasion de cet accouchement et que c'est moi qui l'ai terminé, à l'aide d'une petite opération fort simple dont je parlerai bientôt. Après avoir entendu les deux explications, l'Académie décidera qui de nous deux est dans le vrai. M. Parise a voulu me rattacher à la sienne : De mon côté, j'ai fait de vains efforts pour le convertir à la mienne. Chacun de nous étant resté dans ses croyances premières, il importe à la science que la lumière se fasse. Je connais trop bien le caractère élevé de mon confrère pour craindre de le froisser en parlant en toute franchise.

« Quoique ce fait remonte déjà à plusieurs années (août 1857), il s'est tellement gravé dans mon souvenir, que je n'en ai oublié aucun des détails et qu'au moins une fois chaque année j'ai eu à le signaler dans mon enseignement clinique. J'avais d'ailleurs eu soin, dès l'origine, de prendre des notes précises et de faire quelques dessins représentant l'état anatomique de l'utérus et la cause des difficultés qui s'étaient produites.

« Je serai bref sur tout ce qui s'était passé avant mon arrivée à Lille, n'ayant rien à dire de cette partie de l'observation de M. Parise. »

Mme X..., âgé de 24 ans, était d'une bonne constitution et n'avait aucun vice de conformation du bassin. Elle était accouchée très-naturellement cinq ans avant de son premier enfant. En 1859, elle avait fait une fausse couche de deux ou trois mois.

Redevenue enceinte, probablement vers la fin de 1856, cette troisième grossesse n'offrit rien de particulier jusqu'au 25 juin 1857, où elle ressentit quelques douleurs intérieures assez vives et assez rapprochées. Ces douleurs se calmèrent presqu'aussitôt, et ce ne fut qu'environ un mois après (le 28 juillet) que le véritable travail parut se déclarer. Il s'annonça par quelques douleurs et l'écoulement d'une certaine quantité de sang. La marche en fut irrégulière ; les contractions utérines paraissaient pendant quelque temps, puis se supprimaient pendant des intervalles plus ou moins longs. Cependant, le 7, on remarqua qu'il s'écoulait de l'eau teinte de méconium. Les mouvements de l'enfant étaient moins sentis.

Le 8, Mme X.... éprouva une fièvre intense qui dura plus de 24 heures. Dans la nuit du 8 au 9, elle fut placée dans un bain et on lui administra des douches vaginales. Je n'ai pas besoin de dire qu'elle avait été entourée de soins éclairés : M. Parise s'était adjoint les docteurs Bailli et Delage. Je borne à ces renseignements les choses importantes qui s'étaient passées avant mon arrivée ; on trouve de plus amples renseignements dans 'observation de M. Parise et dans le rapport de M. Devilliers qui la résume avec beaucoup de fidélité.

Quant à moi, c'est dans la journée du 9 que je fus demandé à Lille et j'y arrivai le 10, vers une heure du matin. Il y avait donc alors près de *quatorze jours* que le travail était commencé.

Après m'être mis au courant de tout ce qui s'était passé depuis le 28 juillet, je fus conduit par mes confrères auprès de Mme X... Voici dans quel état je la trouvai et quel fut le résultat de ma première investigation ; quoique les contractions utérines eussent éprouvé de nombreuses interruptions pendant la longue période qui venait de s'écouler, elles avaient déjà, par leur durée insolite et sans résultat, produit des troubles notables dans l'état général. La peau était chaude, le pouls fréquent, le visage profondément altéré et la malade se disait très-fatiguée. L'enfant était mort depuis long-temps et déjà en voie de décomposition, ainsi que le témoignait une odeur fétide qui s'échappait des parties génitales. L'utérus, un peu sensible à la pression, n'avait pas un volume considérable et n'était pas distendu par des gaz. Il n'offrait aucune inclinaison appréciable. Après cette première investigation générale, je pratiquai le toucher vaginal. Le doigt rencontra une tumeur assez volumineuse remplissant en partie l'excavation et surtout sa partie postérieure. Son grand diamètre était dirigé de haut en bas, et son extrémité inférieure n'était pas très-éloignée de l'entrée du vagin. Elle était un peu inégale et d'une consistance qui rappelait celle d'un corps fibreux ; je cherchai vainement une ouverture sur cette tumeur : Mais bientôt mon doigt s'étant porté en avant et bien au-dessus de son extrémité infé-rieure, il rencontra le col très-élevé et complètement situé derrière la sym-physe pubienne. Il se présentait sous la forme d'une fente transversale, légèrement courbée et dont la concavité regardait en arrière. Mais cette fente était si étroite et si élevée qu'il me fut impossible de la traverser. Toutefois, il me fut permis de constater les dispositions suivantes :

Le col ne s'était pas effacé, ses deux lèvres formaient encore saillie, et sa cavité ne s'était pas confondue avec celle du corps. Toutes les deux étaient souples et molles ; la postérieure un peu plus longue et semblant se dé-tacher de la partie antérieure et supérieure de la tumeur.

Le doigt introduit entre ces deux lèvres reconnaissait que la face interne de l'antérieure offrait une concavité regardant en arrière. Quant à la pos-térieure, elle se renflait à son extrémité supérieure et présentait là au niveau de l'orifice interne une saillie transversale, arrondi et un peu convexe en avant ; elle me parut grosse comme le doigt, à peu près ; sa dureté et sa tension étaient excessives ; on aurait dit d'un tendon rétracté. Je fis quelques efforts pour aller au-dessus de cet obstacle, mais ils furent inutiles. La patiente était d'ailleurs tellement fatiguée que je crus prudent de suspendre, reconnaissant bien qu'il faudrait un examen plus complet pour arriver à un diagnostic que je ne tenais pas encore.

Je me rendis dans une pièce voisine pour conférer avec mes confrères, car je n'avais pu rien dire de mes impressions devant la malade. Je déclarai que je n'étais nullement renseigné sur le véritable état des choses, et je demandai à procéder, un peu plus tard, à une nouvelle investigation. Alors s'engagea entre nous une conversation dans laquelle nous passâmes en revue toutes les hypothèses que pouvait faire naître dans nos esprits le cas que nous avions sous les yeux. En ce qui me concerne, je soulevai les questions suivantes : S'agissait-il d'une hypertrophie de la lèvre postérieure du col utérin ? Ou bien d'une tumeur développée dans la paroi postérieure et inférieure de la matrice ? Y avait-il, au contraire, une tumeur née en dehors de l'utérus qui s'était accolée à lui et l'avait déplacé ? Ce furent là autant de questions que je soulevai pour en discuter les probabilités ; mais je ne m'arrêtai définitivement à aucune et je fis bien, car j'aurais été en dehors de la vérité.

De son côté, M. Parise nous développa sa théorie d'une grossesse *utéro-interstitielle*, théorie dans laquelle il a persisté depuis et à laquelle il a été conduit par le raisonnement, ainsi qu'il nous l'apprend lui-même. Le plus sage était donc pour moi d'attendre avant de formuler une opinion définitive, et j'avoue, sans aucune honte, que ce n'est pas la première fois qu'il m'est arrivé de ne pas mettre, du premier coup, le doigt sur la difficulté. J'ai appris à bonne école qu'avant de se prononcer, il fallait avoir recueilli des données positives, et tout était encore incertitude dans mon esprit.

Pendant ce long entretien, la malade eut le temps de se reposer, mais elle mit une condition à la seconde investigation que je lui proposai de faire ; elle voulait être endormie. J'acceptai d'autant plus volontiers cette proposition que j'avais eu l'intention de la lui faire, espérant trouver dans le sommeil anesthésique plus de facilité pour mes recherches.

L'insensibilité fut facilement obtenue; J'introduisis, alors, l'indicateur et le médius de la main gauche dans le vagin, et les dirigeant derrière la symphyse pubienne vers le point où je savais que le col était, je pénétrai dans la fente en forme de croissant dont j'ai parlé, et tournant ma main dans la pronation, j'appliquai la pulpe de mes doigts en arrière contre cette corde tendue et transversalement dirigée que j'ai déjà indiquée. Je fis alors de nombreux efforts pour aller plus loin et je parvins à la contourner : Mes doigts recourbés en crochet se mirent à cheval sur elle et je compris que j'étais là sur la moitié postérieure de l'orifice interne dont les fibres transversales étaient hypertrophiées. Je reconnus en outre que la cavité utérine, anormalement développée en arrière, offrait là une sorte d'infundibulum qui descendait bien au-dessous du col et dans lequel se trouvait engagée une portion de l'extrémité pelvienne.

L'indication à remplir me parut toute tracée ; débrider cette corde qui était évidemment l'obstacle qui s'opposait à la dilatation de l'orifice supérieur. Aussi, laissant mes doigts dans la position que je viens d'indiquer et que j'avais eu tant de peine à leur donner, je priai M. Parise de me passer un long bistouri boutonné, en forme de faux, et tranchant dans la partie concave. Je le conduisis le long de mes doigts sur la corde en question et je fis à droite et à gauche deux petits débridements de *quelques millimètres*, mais qui n'allèrent certainement pas *à un centimètre.* Je sentis aussitôt le col s'entr'ouvrir et je pus sans peine glisser les autres doigts, aller avec ma main saisir l'extrémité pelvienne qui correspondait à cet espèce de-cul-de sac, et extraire avec la plus grande facilité un enfant très-volumineux qui était déjà en voie de putréfaction. Ainsi qu'on a pu le voir dans l'observation de M. Parise, la délivrance et les suites de couches n'offrirent rien de particulier. Mme X... ne tarda pas à se rétablir. Dans un voyage qu'elle fit à Paris plusieurs mois après, elle vint me voir, et je pus m'assurer que sa santé était parfaite.

De quoi s'agissait-il donc dans ce cas singulier? Quelle a été la cause d'un travail qui a duré si longtemps sans résultat, qui a coûté la vie à l'enfant et qui aurait pu faire périr la mère s'il se fût prolongé quelque temps encore? Cela s'explique, à mon sens, par une disposition particulière de l'utérus, disposition qui se rattache, elle-même, à certaines lois qui président au développement de cet organe pendant la gestation.

Or, comme ces lois ne me paraissent pas suffisamment connues, l'Académie me permettra d'entrer dans quelques développements à ce sujet. On verra ensuite combien ce qui nous a tant embarrassés, dès le principe, dans l'observation de Lille, est simple et facile à comprendre, et j'ai l'espoir que le souvenir de ce fait ne sera pas inutile à ceux qui en rencontreront plus tard de semblables.

Il est généralement admis que, pendant la grossesse, l'utérus se développe d'une manière regulière, et que ses différentes parties concourent, dans une proportion égale à l'augmentation totale de l'organe, de telle sorte qu'une ligne droite qui, partant du fond, passerait par le centre de la cavité, devrait aussi, si elle était prolongée, sortir par le centre de l'orifice du col, et qu'une coupe d'avant en arrière, ou transversale dans la direction de cette ligne, diviserait l'ovale utérin en deux moitiés parfaitement égales : Or, je puis assurer qu'il n'en est rien. D'assez nombreuses recherches anatomiques que j'ai eu occasion de faire sur des femmes qui avaient succombé plus ou moins près de leur terme, mais sans être accouchées, m'ont permis, au contraire, de m'assurer qu'il n'y a rien de plus irrégulier que le développement de l'utérus pendant la gestation, et que certaines parties s'accroissent pro-

portionnellement beaucoup plus que d'autres. Je ne m'occuperai pas de
ce qui peut se produire pour le fond et sur les parties latérales où l'on
voit les trompes s'insérer à des hauteurs très-inégales ; je me bornerai
à signaler ce qu'on observe pour les régions antérieure et postérieure
du corps.

Le plus habituellement, par exemple, c'est la paroi antérieure qui
prend un accroissement beaucoup plus considérable que la postérieure,
de telle sorte que l'axe vertical ne passe plus par le centre de l'orifice,
mais à un ou plusieurs centimètres en avant. Alors, on le comprend,
la tête qui se présente le plus habituellement et qui s'engage dans le
bassin bien avant le début du travail pousse au-devant d'elle cette paroi
antérieure du segment inférieur de l'utérus, et s'en coiffe en quelque
sorte. Quant au col, il se trouve, par cette disposition, ne plus être la
partie la plus déclive de la matrice ; il est plus ou moins fortement
dirigé en arrière et dans quelques cas cette disposition est tellement
exagérée qu'il regarde directement en haut. Alors aussi l'orifice est
très-difficile à atteindre. Dans quelques cas rares on a pu croire qu'il
s'était complètement oblitéré, dans d'autres, que la dilatation était complète et qu'on touchait directement la tête, alors qu'elle était encore
enveloppée par l'utérus plus au moins aminci, etc. Les praticiens savent
d'ailleurs que cette disposition retarde souvent la dilatation du col et
qu'ils peuvent alors intervenir en employant certains moyens que je
n'ai pas à indiquer ici. Je n'ai pas besoin d'ajouter qu'il y a des degrés
divers dans cette disposition et que les difficultés qui peuvent en ré-
sulter varient en conséquence.

Le même développement anormal peut s'observer dans la paroi postérieure, mais il est infiniment plus rare et on observe alors des dispositions inverses. Si la partie fœtale qui se présente s'engage dans le
bassin, elle doit nécessairement pousser au-devant d'elle la paroi antérieure du segment inférieur de l'utérus. Le col, au lieu d'être porté
en arrière, se trouve dirigé en avant du côté de la symphyse pubienne
qu'il touche et qu'il regarde. Il est beaucoup plus élevé dans le bassin
que la partie postérieure du segment inférieur de la matrice qui s'a-
baisse vers la vulve, formant une tumeur en rapport avec la courbure du sacrum et variable de forme selon la partie fœtale qu'elle
renferme.

C'est précisément à une disposition de ce genre, un peu exagérée
qu'il faut rapporter l'observation de Lille, en y ajoutant toutefois une
autre particularité qu'on ne rencontre pas toujours ; je veux parler de

l'hypertrophie et de la tension d'une partie des fibres circulaires qui appartiennent à l'orifice interne. De cette manière tout s'explique dans cette curieuse observation : l'utérus, en se contractant, au lieu de pousser l'extrémité pelvienne qui se présentait, dans le sens de l'orifice, tendait à l'engager de plus en plus dans cette espèce d'infundibulum qui s'était produit aux dépens de la paroi postérieure et inférieure de la matrice, et qui avait dû nécessairement s'exagérer sous l'influence des contractions qui duraient depuis si longtemps. D'un autre côté, les pressions supportées par la partie la plus déclive de l'infundibulum, devaient forcément réagir sur les fibres circulaires de la moitié postérieure des fibres de l'orifice, exercer sur elles des tiraillements de bas en haut, et aider, en les irritant de la sorte, à les faire entrer dans une sorte de contracture. La présentation elle-même n'a peut-être pas été étrangère à ce résultat.

Quoi qu'il en soit, il n'est resté dans mon esprit aucune incertitude ; les choses se sont passées comme je viens de le rappeler rapidement, et si quelque chose m'étonne c'est de n'avoir pu convaincre un esprit aussi clairvoyant que celui de M. Parise. Pour que l'Académie puisse uger si j'ai raison, qu'elle me permette de lui dire en quoi consiste l'explication de mon savant confrère et de lui faire voir les impossibilités de toute sorte qui protestent contre elle.

Au dire de M. Parise, il aurait découvert une variété nouvelle de grossesse extra-utérine qu'il désigne sous le nom d'*utéro-interstitielle*, et pour justifier son opinion, il est nécessairement forcé de se livrer à une série de suppositions plus invraisemblables les unes que les autres. Je ferai remarquer d'abord que les grossesses extra-utérines sont fort rares, et que, parmi celles qui existent, il est assez insolite de les voir arriver à la fin du neuvième mois sans avoir donné lieu à des accidents, à des complications dont je n'ai pas à m'occuper. Mais si nous passons aux grossesses interstitielles, leur rareté est bien plus considérable encore. Personne n'a jamais vu qu'elles fussent arrivées à terme, et dans les cas cités, c'est dans les premiers mois quelles se sont terminées par la rupture du kyste et par la mort de la femme. Dans les autopsies ou a trouvé que la tumeur existait seulement, au niveau de l'un des angles de la matrice.

Pour que M. Parise eût raison, il faudrait que l'œuf fécondé, au lieu de pénétrer dans la cavité de l'organe, se fût engagé dans l'épaisseur des fibres utérines, les eût, petit à petit, divisées en deux plans, l'un interne, l'autre externe, et que la dissection se fût prolongée jusqu'à l'extrémité inférieure de la lèvre postérieure du col, ce que notre confrère admet sans la moindre hésitation et sans se demander comment un phénomène si étrange a pu s'accomplir avec une grossesse qui a marché avec une régularité parfaite depuis le commencement jusqu'à la fin. Il faudrait qu'à une époque, qui n'est pas indiquée, l'œuf, jusqu'alors renfermé dans une poche creusée dans l'épaisseur de la matrice, en eût fait éclater la paroi interne, et qu'une grossesse, d'abord franchement interstitielle, se fût transformée en une autre variété, c'est-à-dire en grossesse *utéro-interstitielle*. Comprend-on que des choses aussi graves et aussi extraordinaires aient pu se produire sans donner lieu à quelque accident? N'aurait-il pas dû, au moment où cette rupture s'est faite, se produire une hémorrhagie grave? Je pourrais poursuivre encore, mais je m'arrête ici, Messieurs, et je crois en avoir dit assez pour vous avoir démontré que l'hypothèse de M. Parise n'était pas soutenable, et j'espère qu'entre deux explications dont l'une est simple et facile à comprendre, qui repose sur des lois qui président au développement de l'utérus pendant la gestation et qui s'appuie surtout sur les résultats de l'examen direct qui a été fait et de l'opération qui a été pratiquée, dont l'autre, au contraire, est le fruit d'une conception ingénieuse, sans doute, mais qui nous force à nous engager dans les suppositions les plus extraordinaires, votre choix ne sera pas douteux.

Quant à moi, je me joins au rapporteur de votre commission et je déclare que l'existence de cette nouvelle variété de grossesse extra-utérine n'est pas établie. Le fait de Lille, interprété comme je viens de le faire, n'est pas d'ailleurs unique dans la science, où il est décrit sous le nom de *Dilatation sacciforme* de la paroi postérieure de l'utérus.

Dans l'observation qui précède, et qui était à cette époque la première de ce genre qui se fût offerte à mon observation, j'avoue que je fus, d'abord, très-embarrassé pour apprécier nettement le véritable état des choses, et après avoir passé en revue toutes les éventualités possibles, je dus m'arrêter à l'idée d'un développement irrégulier des parois utérines. L'étude anatomique que j'avais faite depuis longues années, déjà, de ce point relatif à la part que prennent les diverses régions de la matrice au développement total de l'organe, me fournit ainsi une explication toute naturelle, et en l'adoptant, je restai convaincu que j'étais dans le vrai. L'examen que je fis avec la main, ce qui se passa après le débridement de la lèvre postérieure et ce que je sentis de la disposition du segment inférieur de l'utérus, ne pouvait laisser aucun doute dans mon esprit. Mais la conviction absolue que les diverses circonstances que je viens de relater m'avaient donnée, je comprends que tout le monde ne voulut pas la partager ; la démonstration anatomique manquant, puisque j'avais eu le bonheur de voir la femme se rétablir, et qu'elle n'a été fournie dans aucune autre des faits qui sont parvenus à ma connaissance, la triste occasion de la donner, ainsi qu'on va le voir dans la seconde observation que je vais rapporter maintenant, m'était réservée. J'ai fait dessiner avec soin la pièce anatomique qui donne de la question une solution aussi complète que possible.

(N° 2) *Développement sacciforme de la paroi postérieure de l'utérus, pris pour une oblitération du col chez une femme grosse d'environ sept mois et demi : hystérotomie vaginale. Mort de la femme. Autopsie.*

Le 30 avril 1875, je fus prévenu qu'une femme en travail depuis plus de 24 heures, et chez laquelle aucune trace du col ne pouvait être retrouvée, venait d'être apportée dans mon service de la clinique. Je me rendis immédiatement auprès d'elle, et voici ce que j'appris et ce que je pus constater : Il était environ cinq heures du soir.

La nommée B..., femme H..., âgée de 35 ans, d'une bonne constitution, régulièrement réglée depuis l'âge de 14 ans, et pendant quatre jours, chaque fois, avait déjà eu une première grossesse qui s'était terminée par une fausse couche à deux mois environ, sans que rien ait pu lui expliquer le point de départ de cet accident. Elle avait eu ses règles pour la dernière fois à la fin du mois d'août 1875, et en établissant le calcul d'après les données ordinaires, on pouvait admettre qu'elle était parvenue à sept mois et demi de sa gestation. Au reste, aucun accident sérieux n'en avait troublé la marche, et à part un peu d'infiltration des membres inférieurs et des grandes lèvres, qui s'était produite depuis deux ou trois semaines, tout s'était passé régulièrement.

Le travail qui s'était déclaré la veille spontanément, avait, dès le début, donné lieu à de vives douleurs qui se répétaient fréquemment et qui n'avaient pas permis un instant de sommeil. Cela durait depuis près de trente heures. Aussi la femme se disait-elle très-fatiguée, et cela se voyait à son visage. La peau était chaude, le pouls, petit et fréquent, battait 106 fois par minute. Une vive douleur existait, d'une manière permanente, dans la région lombaire du côté gauche ; la moindre pression l'exaspérait, et, de temps en temps, elle se confondait avec la

Depaul.  2

douleur qui résultait de la contraction utérine. D'après les renseignements fournis, l'œdème vulvaire et des membres inférieurs avait augmenté depuis le début du travail. L'utérus ne s'élevait qu'à quatre
travers de doigt au-dessus de l'ombilic. Ses parois paraissaient assez
minces et offraient une tension insolite, même dans l'intervalle des
contractions. Au premier aspect sa forme paraissait régulière, mais
en examinant de près, il semblait que la paroi antérieure était moins
saillante que d'habitude. Il était évident, aussi, qu'il y avait plus de
liquide amniotique que de coutume. Néanmoins, les battements du
cœur étaient très-nettement perçus, et on distinguait, à ne pas
s'y méprendre, les mouvements actifs.

Le vagin était plutôt sec qu'humide : Cependant, quand je lui demandai si elle avait perdu quelque chose, la femme me répondit que la
veille elle avait perdu un peu de liquide aqueux. Elle ajoutait même
que ce phénomène s'était accompagné d'un certain bruit. Je dois dire,
cependant, que la sage-femme qu'elle avait fait appeler chez elle
n'avait rien vu de semblable, et que, depuis qu'elle était entrée dans
mon service, on n'avait constaté aucun écoulement.

Par le toucher vaginal, je m'assurai qu'une tumeur, qui était formée par une partie de l'utérus, était assez profondément engagée dans
l'excavation pelvienne. Sans être dure, cette tumeur offrait une certaine résistance ; sa portion la plus saillante descendait à 3 centimètres de la vulve, environ. Son épaisseur était assez grande pour qu'il
fût impossible de reconnaître aucune partie fœtale. La grande quantité de liquide qui existait expliquait en outre ce résultat. En parcourant les deux parois vaginales, l'antérieure et la postérieure, celle-ci
paraissait beaucoup plus courte. Son extrémité supérieure, oblique-
ment dirigée en avant, semblait se terminer un peu en arrière de la
pertie culminante de la tumeur. Le cul-de-sac vaginal postérieur
n'existait pas.

La paroi antérieure était beaucoup plus longue ; elle correspondait
à l'intervalle étroit laissé par la tumeur derrière le pubis, et mon
doigt, profondément engagé, eut la plus grande peine à atteindre
sa limite supérieure. Il arrivait cependant jusqu'au-dessus du bord
supérieur du pubis ; là, il me sembla que je touchais un cul-de-sac ;
mais il me fut impossible de rien distinguer, en ce point, qui ressem-
blât à un col. Je répétai plusieurs fois cet examen, et j'arrivai toujours au même résultat. Je fis toucher la femme par quelques personnes expérimentées, mais elles ne furent pas plus heureuses que moi.

L'examen que j'avais fait de la partie saillante de la tumeur me fit constater une autre disposition qui me confirma dans l'idée que j'avais conçue, à savoir que j'avais sous les yeux un exemple d'oblitération du col. A peu près sur la partie centrale existait une petite saillie transversale qui semblait indiquer un rudiment de lèvre postérieure et en avant, dans la même direction, une dépression peu profonde qui pouvait très-bien être rapportée au point de jonction des deux lèvres du col, car cette disposition, je l'ai presque toujours rencontrée dans les véritables oblitérations du col qu'il m'a été donné d'observer chez la femme enceinte. Le spéculum fut introduit et nous permit de voir la saillie et la dépression dont il vient d'être question.

Après avoir cherché l'interprétation des dispositions insolites que je viens de décrire, je crus pouvoir formuler un diagnostic, et j'annonçai que nous avions affaire à un cas d'oblitération du col. J'avoue cependant que, jusqu'au dernier moment, il resta dans mon esprit une certaine incertitude, et je n'étais pas complètement satisfait. La direction de la paroi postérieure du vagin, d'une part, la grande difficulté que j'avais à atteindre l'extrémité de la paroi antérieure qui remontait si haut derrière la symphyse pubienne, tout cela ne me donnait pas la confiance que j'aime à avoir quand j'ai un parti grave à prendre. Je savais parfaitement que l'utérus peut se développer d'une manière insolite et reproduire la plupart des conditions que je rencontrais ici ; toutes mes explorations furent faites avec l'idée que je pouvais avoir sous les yeux un cas de ce genre. Je ne fus donc pas pris au dépourvu, et on verra cependant que j'ai commis une erreur complète. Quoique l'état général de la femme fût grave et demandât une prompte solution, je différai de quelques heures toute opération, voulant ainsi me donner le temps de réfléchir et de procéder à un nouvel examen.

Je revins vers 9 heures du soir ; rien de nouveau ne s'était produit, si ce n'est que la fièvre était plus forte et que la femme me suppliait à grands cris de la délivrer. Je touchai de nouveau, avec tout le soin possible, et je ne parvins pas à atteindre l'orifice. Il semblait que la tumeur était un peu plus descendue dans l'excavation, mais aucune partie fœtale n'était accessible, et l'utérus, toujours fort douloureux, était distendu par une quantité de liquide exagérée. Rien ne s'écoulait par les parties génitales.

Le moment était venu de prendre un parti. Convaincu que j'étais en présence d'une oblitération du col de l'utérus, je résolus de pratiquer l'hystérotomie vaginale. La malade fut placée en travers sur le bord du lit, et, après l'avoir endormie avec le chloroforme, j'introduisis un bistouri à long manche, à lame courte et convexe du côté du tranchant. Je le dirigeai le long du doigt indicateur de la main gauche, qui avait été préalablement introduit, et dont l'extrémité s'était placée au niveau de la petite saillie transversale dont j'ai parlé plus haut. Je voulais faire porter mon incision sur la dépression qui était en avant, car j'étais convaincu que là s'était produite la soudure des deux lèvres. Une petite incision fut faite au centre et dans la direction transversale. Son étendue fut au plus de 7 à 8 millimètres, et elle ne pénétra, en profondeur, qu'à 2 ou 3. Il s'écoula quelques gouttes de sang seulement.

Voulant constater si j'étais dans la cavité utérine, j'introduisis l'indicateur de la main droite et j'explorai l'incision que je venais de pratiquer. Elle s'était transformée en un orifice circulaire à bords minces, réguliers et un peu résistants, comme on l'observe souvent chez les primipares tout à fait au début de la dilatation de l'orifice externe. Cette disposition que je fis constater par mon chef de clinique et par plusieurs autres personnes, me fit croire un instant que j'avais ouvert le col. Je crus donc qu'en poussant mon doigt un peu plus loin, j'allais toucher les membranes. Mais il n'en fut rien. Je rencontrai derrière cette ouverture quelques adhérences molles qui se déchiraient facilement, et je vis bien que je n'étais pas entré dans la cavité de la matrice. Je supposai alors que je n'avais ouvert que l'orifice externe, et qu'une nouvelle incision devait être faite sur l'orifice interne qui devait être également oblitéré. Je repris le même bistouri et je le fis agir comme la première fois sur ce point que j'avais mis à découvert. Aussitôt s'échappa une grande quantité de sang constituant une véritable hémorrhagie. Le doigt introduit dans cette nouvelle ouverture ne rencontra pas les membranes, mais fut arrêté par une masse molle, spongieuse, offrant tous les caractères du tissu placentaire, et l'idée me vint immédiatement que la situation, déjà si grave de cette femme, était compliquée d'une insertion relativement vicieuse du placenta. Pour en avoir la certitude, j'introduisis une longue pince et e détachai quelques petits lambeaux qui me permirent de constater d'une manière non douteuse la présence des villosités choriales.

Comme l'hémorrhagie continuait, et qu'il était impossible de terminer l'accouchement, je pratiquai le tamponnement, et je fis exercer une surveillance active. Des contractions utérines, fortes, et assez rapprochées, se reproduisirent pendant toute la nuit, et il n'y eut pas un instant de sommeil.

Le lendemain, vers 9 heures du matin, le tampon fut retiré. Il ne s'était écoulé qu'une faible quantité de sang, et la perte ne se reproduisit pas. Je m'assurai que les choses avaient peu changé depuis la veille. Il me parut cependant que la double ouverture que j'avais pratiquée s'était un peu agrandie. Avec la croyance que j'avais qu'il s'agissait de l'orifice, je crus, dans l'intérêt de la femme, devoir temporiser encore. Je me contentai de faire couler une certaine quantité de liquide amniotique en traversant le placenta avec une sonde. Je revins cinq ou six fois à l'hôpital dans la journée, pour m'assurer, par moi-même, des changements qui pouvaient se produire : Dans la soirée, vers 8 heures et demie, la situation était telle qu'il n'était plus possible d'attendre. La fièvre avait encore augmenté, les forces paraissaient épuisées, et la pauvre patiente voulait être débarrassée à tout prix. L'examen que je fis me permit de constater qu'aucune modification importante ne s'était produite depuis le matin ; seulement l'ouverture pratiquée par moi était bouchée par une portion du placenta qui s'y était engagée et qui était saillante du côté du vagin. On n'entendait plus les battements du cœur fœtal.

J'endormis de nouveau la femme avec du chloroforme, et, comme il restait encore dans l'œuf une grande quantité de liquide amniotique, je crus devoir en favoriser l'écoulement. Pour cela, je fis pénétrer une pince fermée et il me suffit d'en écarter les branches pour faire sortir encore près d'un litre de liquide. La même pince me servit pour extraire par fragments la portion du placenta qui s'engageait. Avec l'un d'eux vint une portion du cordon ombilical. L'ouverture que j'avais pratiquée, et qui conduisait dans la cavité de la matrice se trouva aussi débarrassée. J'introduisis d'abord un doigt, puis deux, et avec le plus grande difficulté je parvins jusqu'à un membre inférieur qui se trouvait très-haut et transversalement dirigé, mais qu'il me fut impossible de contourner et d'accrocher ; après plusieurs tentatives infructueuses, je fis pénétrer un crochet mousse, et avec lui il devint facile de faire descendre une jambe. Je plaçai un lacs au-dessus du pied ; je m'en servis pour faire des tractions qui durent être assez fortes pour engager le siége et le tronc ; mais, quand la tête arriva à l'ouverture utérine, les difficultés redoublèrent, et bientôt, le cou se rompant brusquement, sans que rien me permît de le prévoir ; cette tête resta seule dans la cavité utérine.

Ma tâche n'était pas finie, et, pendant trois quarts d'heure tous les efforts que je fis, vinrent échouer contre des difficultés dont la principale m'a paru surtout dépendre d'une mobilité excessive de la tête qui fuyait sans cesse devant mes doigts et les instruments dont je me servais, tels que pinces et crochet mousse, prenant un point d'appui sur le maxillaire inférieur. Je n'ai pas besoin de dire que pour diminuer cette mobilité, j'avais chargé un aide de maintenir fortement l'utérus avec ses deux mains.

Craignant de pousser trop loin ces tentatives, il me parut prudent de suspendre et de renvoyer au lendemain ; mais cette pauvre femme succomba dans le courant de la nuit, vers 4 heures et demie du matin.

L'enfant était du sexe masculin et ne pesait que 1120 grammes, non compris la tête, qui était restée dans la cavité utérine. La longueur du cordon était de 47 centimètres.

Autopsie faite trente heures après la mort.

Le cadavre était déjà envahi par une décomposition assez avancée. N'ayant rien de spécial à signaler pour les autres organes, je me contenterai d'insister sur ce qui est relatif à l'utérus et au vagin. Vu en place l'utérus est sans forme déterminée, affaissé sur lui-même, et offre encore un volume assez considérable, surtout quand on songe qu'il s'agissait d'une grossesse de sept mois et demi environ, et que l'œuf tout entier avait été extrait (moins la tête fœtale). Après avoir essayé de lui donner un corps en remplissant à peu près sa cavité, je constate qu'il est de forme ovalaire, à grosse extrémité tournée en haut, un peu moins arrondie dans sa partie antérieure que dans la région postérieure. Son grand diamètre vertical mesure 23 centimètres. Le diamètre transverse, à la partie moyenne, a 20 centimètres.

La figure que voici est destinée à reproduire les particularités importantes de cette pièce anatomique ; quoique considérablement réduite, elle suffira pour bien faire comprendre l'état des choses. Le vagin largement ouvert conduit à deux ouvertures, nos 1 et 2, qui pénètrent toutes les deux dans la cavité utérine. L'une, la plus élevée, n°1, et qui se trouve située au-dessus du bord supérieur de la symphyse pubienne, représente l'orifice naturel. Sa dilatation a un diamètre de 3 centimètres, les bords en sont lisses et ont 2 à 3 millimètres d'épaisseur. La seconde, qui se voit dans la portion de la matrice qui fait saillie au fond de l'excavation, n° 2, est celle que volontairement j'ai pratiquée pour pénétrer dans la cavité, et c'est par elle que j'ai pu extraire le placenta et le fœtus (moins la tête). Elle est de forme assez régulièrement arrondie, à bords irréguliers. Son diamètre peut être évalué à environ 4 centimètres. Un intervalle de 9 centimètres sépare ces deux ouvertures. C'est assez dire combien était placé haut le col utérin. Aucune autre lésion

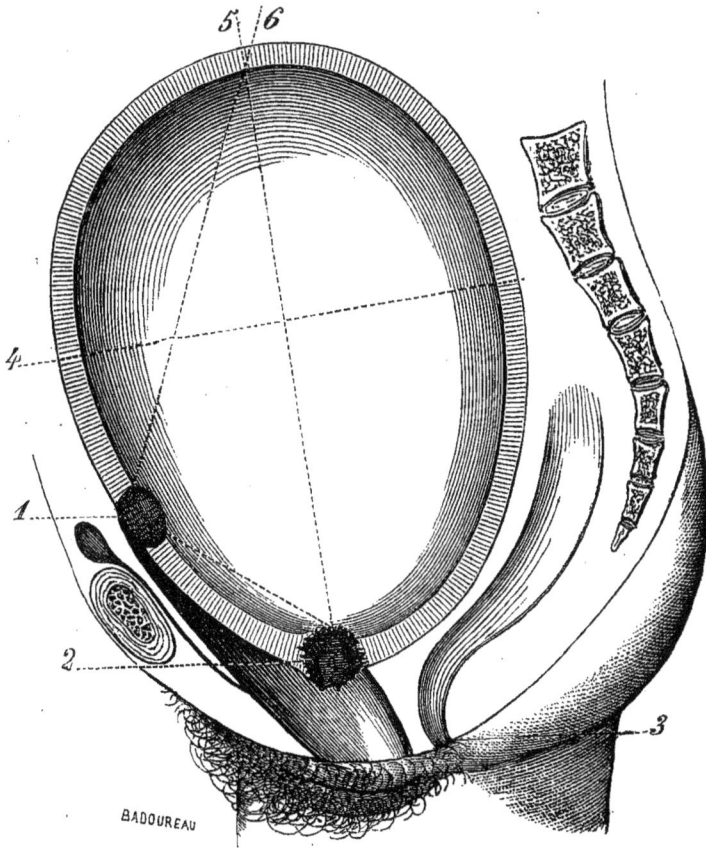

BADOUREAU

dans le vagin ni dans la cloison recto-vaginale. Pas d'épanchement dans le péritoine. Une ligne droite n°6 venant du fond de l'utérus au col n° 1 donne une distance de 17 centimètres seulement, tandis que j'ai déjà indiqué qu'une ligne partant du même point du fond n° 5 et allant à l'ouverture pratiquée à travers la ,paroi postérieure du vagin, n° 2, a 23 centimètres.

.Toute la portion de l'organe qui se trouve en avant de la ligne qui se rend du col au fond de l'utérus représente la part pour laquelle la paroi antérieure avait concouru au développement total. Il est facile de voir combien elle est minime relativement à ce qui revient à la paroi postérieure. En outre, si, en suivant la courbe antérieure, on mesure du fond au col, on trouve 21 centimètres. Si, partant du même point, on suit la courbe de la paroi postérieure pour atteindre le même orifice, il n'y a pas moins de 46 centimètres.

L'état du vagin, dans la partie supérieure, était surtout intéressant à étudier en place. Aplati d'avant en arrière, la paroi antérieure touchait la postérieure derrière le pubis et ne permettait pas au doigt de pénétrer. Des adhérences s'étaient établies entre la paroi postérieure du vagin et la région de l'utérus sur laquelle j'avais pratiqué une ouverture, et il est probable que c'est grâce à elles qu'aucun épanchement de sang ne s'était fait dans la cavité péritonéale.

Réflexions.

Après avoir fait l'aveu de l'erreur que j'ai commise, je demande à expliquer en quelques mots ce qui m'a trompé dans cette circonstance, et peut-être pourrai-je invoquer le bénéfice de quelques circonstances atténuantes que mes lecteurs voudront bien, j'espère, m'accorder, quand, après avoir lu cette seconde observation, ils se demanderont comment ils auraient raisonné s'ils avaient été à ma place.

La tumeur qui plongeait dans le bas de l'excavation était bien positivement formée par une portion de l'utérus. Toute idée de tumeur étrangère ayant repoussé l'organe en totalité, ne pouvait pas être soutenue après examen. Dans cette condition, deux suppositions seulement pouvaient être faites. Le col ne s'était pas éloigné de sa situation habituelle, mais il était oblitéré : Le col pouvait s'être porté très en avant ou très en arrière, et être devenu très-difficile à atteindre. C'est sur ces deux points que porta mon diagnostic différentiel, et ils servirent de texte à une leçon clinique que je fis à mes élèves. Je dus bientôt renoncer à l'idée d'un orifice fortement porté en haut et en arrière, du côté de la base du sacrum, comme il y en a quelques exemples. La paroi postérieure du vagin paraissait très-courte et se détachait bien nettement de ce qui semblait être le segment inférieur de l'utérus. Il ne restait plus, par conséquent, qu'à décider si le col n'était pas remonté en avant du côté de la symphyse pubienne, et si, par conséquent, la tumeur vaginale n'était pas représentée par la paroi postérieure du segment inférieur de la matrice. Je fis de nombreuses recherches du côté de la symphyse pubienne, et il ne me fut pas possible de dépasser certaine limite qui me parut être le cul-de-sac vaginal antérieur. Je n'avais pas perdu de vue un renseignement qui n'avait été donné par la femme, à savoir, que la veille elle aurait perdu une petite quantité d'eau ; mais depuis le moment de son entrée à l'hôpital jusqu'à la fin, il me fut impossible de rien constater de pareil. Au contraire, le conduit vaginal était plutôt sec qu'humide ; l'utérus contenait en outre une plus grande quantité de liquide que d'habitude, ce qui l'avait placé dans un état de tension constante qui augmentait encore à chaque contraction. Je reconnais, toutefois, que la paroi antérieure du vagin remontait beaucoup plus haut que la paroi postérieure, et c'est là une disposition importante sur laquelle je reviendrai quand je m'occuperai du diagnostic du développement sacciforme de la paroi postérieure de l'utérus. J'ajoute, enfin, et ceci a beaucoup concouru à m'égarer, qu'il y avait sur la partie culminante de la tumeur, et un peu en arrière, une petite saillie transversale limitée en avant par une légère dépression, qui me fit croire que là était le point de jonction des deux lèvres. Cette disposition, je la sentais non-seulement avec le doigt, mais j'appliquai le spéculum, et je pus la voir et la faire voir aux assistants. Je crois pouvoir ajouter que je ne fus pas servi par les circonstances. Après avoir ouvert l'utérus dans l'étendue de quelques millimètres seulement, une hémorrhagie formidable apparut, qui me força à appliquer le tampon, mais qui fit perdre une assez grande quantité de sang à la femme, déjà épuisée et dans un état grave.

Quoi qu'il en soit de toutes ces explications, voilà le fait dans toute sa sincérité, et j'espère en tirer plus tard des enseignements utiles.

Mais avant d'aller plus loin, je désire faire passer sous les yeux de mes lecteurs certains faits qui sont consignés dans les annales de la science, et qui me semblent se rapporter, malgré les titres de quelques-uns d'entre eux, à la disposition insolite de l'utérus, dont j'ai eu l'intention de m'occuper dans ce travail. J'avoue humblement que je n'ai pas la prétention de connaître tous ceux de même nature qui peuvent exister. Mais ceux que je vais rapporter serviront, en partie du moins, à fixer l'état de la science sur cette question si digne d'intérêt. Sous le bénéfice de ces réserves, j'intitulerai le chapitre suivant : *Recherches historiques.*

Deventer, qui a tant exagéré l'importance des obliquités de la matrice, en accordait une toute spéciale à l'obliquité postérieure. Voici ce qu'il en dit à la page 60 de son livre intitulé : *Observations importantes sur le manuel de l'accouchement.* Paris, 1734.

« Le premier défaut que nous remarquerons est, *que le corps de la matrice soit trop couché sur l'épine du dos, et que le fond s'appuie contre le diaphragme*, car alors l'orifice de l'utérus, élevé trop haut, se trouve directement vers les os pubis, et les enfants donnant aisément de la tête contre cet os, demeurent immobiles dans cette situation, ou ce qui est encore pis, leur tête glissant par-dessus ces os, ils se tournent de manière qu'ils passent la main ou le bras par l'orifice de la matrice, tandis que leur corps est couché dessus en travers à la renverse, ou sur l'un des côtés. Ils ne peuvent jamais sortir dans cette position; souvent même elle leur coûte la vie, ou à la mère, quelquefois à tous les deux, si un habile accoucheur ne vient au secours. »

A la page 295 du même ouvrage, Deventer intitule son chapitre XLVII de la manière suivante : *De l'accouchement difficile, parce que la matrice est trop renversée du côté des vertèbres.*

« Je sais, dit-il, par expérience, et tous ceux qui pratiqueront avec attention, le sauront de même, que le fond de l'utérus, changeant de place, se trouve quelquefois si renversé en arrière, qu'il est couché contre l'épine du dos, ce qui, non-seulement, relève trop son orifice, mais le rend encore tellement oblique, qu'il n'est plus sur la même ligne que le vagin. Il a plus, la partie supérieure du vagin se courbe et se coude de manière qu'elle approche de la figure d'une *équerre*, plutôt que de la ligne droite. Cette inclinaison est plus ou moins grande, selon que la matrice est plus ou moins poussée contre les vertèbres, ou que les reins de la femme sont plus ou moins courbés.…

« Dans la direction de l'utérus dont nous parlons, il est de toute nécessité que la tête de l'enfant, quelque bien tournée qu'on la suppose, aille s'arrêter contre les os pubis, car les efforts de l'enfant pour sortir et les douleurs expulsives l'y poussent avec violence et l'y collent d'autant plus qu'il y reste davantage. Dans cet état, il est aisé de concevoir que comme la tête ne peut tomber dans la cavité du bassin, les efforts de la mère ne peuvent la faire sortir, si on ne l'éloigne préalablement des os pubis. » Voici quelles sont, selon cet auteur, les signes de cette situation de la matrice :

« On ne pourra point toucher l'orifice ou on n'en touchera qu'une petite partie, à moins qu'il ne soit déjà fort ouvert, auquel cas on pourra toucher une portion de sa circonférence. En voici la raison, c'est qu'une partie de l'orifice sera collée par la tête de l'enfant contre l'os pubis ; ainsi tout le bord supérieur ne pourra se toucher, et pour toucher l'inférieur, il faudra conduire les doigts avec dextérité entre . le col de la vessie et l'orifice ; car si on les coule le long du rectum, on ne trouve qu'un sac fermé qui résiste au toucher, ce qui fait croire à une personne ignorante que c'est la tête de l'enfant, sans faire attention qu'elle est encore renfermée dans la matrice, et que c'est en vain qu'on s'attend qu'elle descendra ; mais une sage-femme habile suivra un autre chemin. Elle glisse les doigs le long du col de la vessie, et trouve auprès de lui un bord en croissant qui est celui de l'utérus, et en poussant les doigts entre lui et les os pubis, elle rencontre une partie ronde, mince et dure, qui est la tête de l'enfant, d'où elle conclut sûrement que le fond de l'utérus est trop renversé contre les vertèbres.... »

Les principaux moyens à l'aide desquels il conseille de remédier à cet état sont les suivants : Vider le rectum et la vessie, donner une situation convenable, presser avec une main au-dessus du pubis et avec un doigt, de l'autre, attirer le col en arrière, relever après la partie supérieure du tronc, un peu plus tard au contraire abaisser la tête.... »

OBSERVATION n° III. — S. H. Jackson (*Cautions to women respecting the state of Pregnancy, etc.* 1798.) et S. Merriman (*A dissertation on the retroversion of the Womb.* 1810.)

Il n'y a pas, dit Jackson, de fait observé de femme atteignant la dernière période de la gestation avec un utérus en rétroversion.

J'ai eu cependant l'occasion de voir un cas semblable il y a environ deux ans avec les Drs Bland, Denman, Thynne, Merriman et Croft. L'état de la patiente parut tout d'abord inexplicable, et elle resta plusieurs jours en travail ; mais les efforts graduels de la nature la délivrèrent enfin, en mettant l'utérus presque dans sa situation naturelle. Avec de grands soin, la femme se rétablit parfaitement, mais l'enfant, en raison de la particularité du cas, aussi bien que de la longueur du travail, était mort-né.

Plus loin, le Dr Jackson ajoute : Pour compléter l'observation, je dois mentionner que Mme Wilkes (c'était le nom de la pauvre femme) n'eut jamais une suppression complète d'urine, mais souffrit beaucoup de suppression partielle et de dysurie, entre le 3e et le 4e mois de la grossesse. Il est probable que l'usage du cathétérisme, en vidant complètement la vessie, aurait permis à l'utérus de reprendre sa situation ; mais, comme c'était une pauvre femme et que le cours de l'urine n'avait jamais été entièrement supprimé, elle ne jugea pas à propos de demander une consultation ou des soins à ce moment. Quand elle avança dans sa grossesse, elle fut soulagée de beaucoup de ces incommodités, probablement parce que les organes s'adaptèrent d'eux-mêmes à la situation dans laquelle ils se trouvaient.

Dans une grossesse ultérieure, le Dr Merriman lui donna gratuitement ses conseils pendant toute la durée de la gestation et ses soins pendant le travail. En suivant exactement ses prescriptions, de ne jamais retenir ses urines plus longtemps que quatre heures, elle arriva à la fin de son terme sans éprouver aucune incommodité, et accoucha d'un enfant vivant ; l'utérus de cette femme était guéri de son affection et dans sa situation normale. Elle se rétablit promptement et parfaitement de ses couches ; mais quelques mois plus tard elle était atteinte de symptômes de phthisie pulmonaire et mourait en étisie.

OBSERVATION n° IV. — S. Merriman (1).

« Mme F... éprouva les premières douleurs de l'enfantement le 16 juin 1806, Presque au même instant elle perdit un peu d'eau, et dès lors ses douleurs revinrent à des intervalles éloignés, mais fortes et énergiques : Lorsque, dans le cours de la journée, la malade fut examinée, voici ce que l'on constata ; toute la partie postérieure du bassin était remplie par une tumeur globuleuse qui empêchait le doigt de se diriger vers le coccyx et le sacrum. L'index était obligé en suivant la surface de la tumeur, de se porter vers les os pubis, et il pouvait, dans cette direction, se porter au-dessus de la crête pubienne ; mais ni là ni ailleurs il ne pouvait sentir le col de l'utérus. En introduisant le doigt dans le rectum, il semblait que la tumeur était formée par l'utérus, à travers la paroi duquel on sentait quelque partie volumineuse de l'enfant ; mais il était impossible de distinguer si c'était la tête ou les fesses.

« Le 17, l'écoulement du liquide amniotique continua, les douleurs étant toujours très-vives et la tumeur plus rapprochée du périnée, la femme fut prise de convulsions, de fièvre et de délire, mais les saignées et les purgatifs mirent fin à ces accidents.

« Le 18 et le 19 ne présentèrent rien de particulier à noter ; les douleurs continuèrent ; cependant elles furent moins fortes que les jours précédents.

« Le 20 on fit un nouvel examen ; la tumeur présentait la même forme et le même volume, masquant complètement la face extérieure du sacrum, car le coccyx lui-même ne put être senti qu'en introduisant un doigt dans le rectum. Lorsque le doigt était porté en avant, seule direction dans laquelle il pût pénétrer, il atteignait au-dessus des pubis ; mais là, encore, il ne put trouver le col ; cependant, en retirant le doigt, on sentit quelque chose d'inégal qui fit croire que le col se trouvait au-dessus de la symphyse et nous fit espérer qu'un changement était sur le point de se faire dans la position de l'utérus.

---

(1) A synopsis of the various kinds of difficult parturition, etc. 1820.

« Notre espoir ne fut pas trompé, car le jour suivant 21, on aperçut un changement très-remarquable dans la situation de la tumeur globuleuse qui occupait le bassin ; les douleurs étaient devenues plus énergiques et la tumeur qui, auparavant appuyait sur le périnée, sembla s'être un peu portée, en arrière, tandis qu'une masse aplatie (la tête du fœtus dans un état complet de putréfaction) était fortement poussée en bas entre le pubis et la tumeur utérine. Après quelques heures d'actives douleurs, la tumeur remonta au-dessus du détroit supérieur, et ne put plus être sentie. Mais alors le col de l'utérus fut aisément distingué, quoique encore très-élevé,

« On jugea convenable de pratiquer la perforation du crâne et quelques douleurs aidées de quelques tractions terminèrent le travail. La malade se rétablit parfaitement, mais n'a pas eu d'enfant depuis. »

Baudelocque (1) a consacré un long chapitre à l'obliquité de l'utérus pendant la grossesse. Il n'admet la possibilité de la rétroversion que dans les premiers mois. Les obliquités qui peuvent se produire plus tard, il les considère comme beaucoup moins fâcheuses qu'on le dit communément. Pour lui, les obliquités antérieures ou latérales sont si fréquentes qu'il n'existe pas, peut-être, une femme sur cent où elle ne soit très-remarquable quand elle n'est que légère, *et même un peu plus*, loin de nuire à l'accouchement, elle semble le favoriser.

Il convient cependant qu'elle mérite quelquefois la plus grande attention, et qu'en plusieurs cas les suites en seraient fâcheuses si l'on ne s'en occupait à temps, et à ce sujet il rapporte les deux observations suivantes :

OBSERVATION n° V. Elle est extraite d'un mémoire communiqué à l'académie de chirurgie par M. Bavaï.

« Une femme du village de Grimberg, près Bruxelles, grosse de son premier enfant, ne pouvant avoir M. Bavaï dès le commencement de son travail, eut recours à une sage-femme qui la tint debout et lui fit pousser les premières douleurs pendant trois jours et deux nuits, de sorte que la tête de l'enfant paraissait au passage enveloppée de la paroi antérieure de la matrice, lorsque ce chirurgien fut appelé de nouveau. Cette portion de la matrice qui servait comme de coiffe à l'enfant, était, dit-il, enflammée, et l'orifice qu'il ne put découvrir qu'avec beaucoup de peine, répondait à la partie supérieure du sacrum, n'étant ouvert que de la largeur d'une pièce de 12 sols de france. Les eaux étaient écoulées depuis quelques jours.

« M. Bavaï eut recours d'abord à la saignée, aux lavements et aux fomentations émollientes. Pouvant à peine soutenir la tête de l'enfant et empêcher qu'elle ne franchisse la vulve, enveloppée de la portion de la matrice qui la

---

(1) Baudelocque. L'art des accouchements, 5e édition, 1815, t. I, page 151 et suivantes.

recouvrait, il imagina de faire coucher la femme de manière que les fesses fussent plus élevées que les épaules, et malgré cela, continue-t-il, la gangrène survint et la malade expira. »

A l'autopsie on constata que le bassin était bien conforme et très-spacieux, que l'orifice de la matrice correspondait à la nuque de l'enfant, la tête étant sortie enveloppée d'une portion de ce viscère qui était gangrenée et séparée du reste.

Cette observation, ajoute Baudeloque, fait voir jusqu'où peuvent aller les tristes effets de l'obliquité de la matrice quand la femme n'est pas convenablement secourue. Il la fait suivre d'une autre, tirée de sa pratique, pour montrer ce qu'on peut attendre de soins éclairés.

OBSERVATION n° VI. « Une femme aussi robuste que bien conformée et qui avait déjà eu plusieurs enfants, se présenta vers la fin de 1773, pour accoucher en présence de mes élèves, et leur procura par son indocilité l'occasion de bien observer tout ce que nous venons d'annoncer sur les effets de l'obliquité de la matrice et de l'application des préceptes de l'art. La matrice chez cette femme était manifestement inclinée du côté droit et en devant, au point que son orifice tourné en arrière, se découvrait difficilement au toucher. Les eaux s'évacuaient et les douleurs se répétaient avec autant de force que de fréquence; l'enfant se présentait bien. Rien ne pouvant convaincre cette femme de la nécessité de rester couchée horizontalement et de supporter la présence du doigt, elle demeura tantôt assise, tantôt debout, se livrant inconsidérément aux efforts qu'elle pouvait faire toutes les fois qu'elle ressentait des douleurs. La tête de l'enfant, après un travail de douze ou quinze heures, vint occuper le fond du bassin, et y parut recouverte de la partie antérieure et inférieure de la matrice, au point qu'on l'entrevoyait ainsi en écartant les grandes lèvres et en élargissant un peu l'entrée du vagin. Le doigt parcourait toute la portion de sphère qui se présentait de cette manière, sans trouver l'orifice, alors plus déjeté en arrière, et tellement élevé qu'il fallait insinuer le doigt presque à la hauteur de la base du sacrum pour en toucher le bord antérieur. La portion de la matrice poussée en avant et formant au-dessous de la tête de l'enfant une espèce de coiffe qui la recouvrait, devint encore plus apparente à la vue, dans la suite du travail, elle était lisse, luisante, tendue, merveilleusement injectée, couverte d'un lacis admirable de vaisseaux, et d'une si grande sensibilité que la femme ne pouvait plus supporter le plus léger attouchement. Tout le bas-ventre parut bientôt menacé de la même inflammation et tellement douloureux que les vêtements devinrent incommodes. La fièvre s'allumait et les idées commençaient à s'aliéner malgré quelques saignées, lorsqu'un accident heureux rendit la femme assez docile pour écouter les sages conseils qu'elle rejetait depuis environ quarante-huit heures, et permettre qu'on fît ce qu'on voulait tenter dès le commencement. Intimidée par la présence inopinée de deux hommes de loi, revêtus de leur robe, elle se mit au lit, je relevai le ventre d'une main, pour diminuer l'obliquité de la matrice, tandis que de deux doigts de l'autre, après avoir refoulé la tête de l'enfant un tant soit peu, je fus accrocher le bord antérieur de l'orifice, pour le ramener au centre du bassin où je le tins pendant quelques douleurs, permettant alors à la femme de faire valoir le peu de force qu'elle conservait, elle se délivra dans l'espace d'un quart d'heure. Son enfant était bien portant et les suites des couches furent des plus simples. »

Quoique les deux dernières observations qu'on vient de lire et que j'ai empruntées à Baudelocque ne soient pas des exemples de développement sacciforme de la paroi postérieure de l'utérus qui fait l'objet de ce travail, j'ai cru devoir les rapporter parce qu'elles prouvent que la paroi antérieure de l'utérus peut subir les mêmes modifications. Il est même probable qu'on peut les observer sur les parties latérales.

En parlant des obstacles mécaniques formés par le col de l'utérus, Mme Lachapelle (1), dans son 10e mémoire, s'exprime ainsi : « On sait que dans l'état le plus naturel, la matrice étant inclinée en avant porte nécessairement son orifice en arrière. Cette inclinaison devient morbide dès qu'elle dépasse la direction de l'axe du détroit supérieur. » Un peu plus loin elle ajoute : « Cette déviation, cependant, ne reconnaît pas toujours pour cause l'inclinaison du fond de la matrice du côté opposé. J'ai vu quelquefois, ainsi que Baudelocque, l'orifice dévié malgré la rectitude de la matrice. J'ai vu, même, l'un et l'autre inclinés du même côté, ce qui indiquait dans la jonction du corps et du col une sorte d'inflexion ou de courbure. Ces cas ne m'ont pas paru, cependant, être les plus ordinaires, comme Boër l'affirme et cherche à le prouver par plusieurs exemples. D'après lui, cinq fois sur dix, la déviation de l'orifice serait due à cette courbure. Quoi qu'il en soit, il est certain que cette déviation est quelquefois cause d'accidents dont nous parlerons dans le paragraphe suivant. »

Velpeau (2) reconnaît que bien que l'inclinaison de l'orifice coïncide assez fréquemment avec celle du fond de l'organe, il est incontestable, cependant, que l'une se rencontre souvent sans l'autre. Il attache peu d'importance à l'inclinaison de l'utérus en arrière, et il en accorde une assez grande au contraire à l'obliquité antérieure un peu prononcée. Il donne des conseils pour remédier aux inconvénients qu'elle peut produire, et cite une observation tirée de sa pratique et qui a beaucoup d'analogie avec celles qui sont rapportées dans l'ouvrage de Baudelocque.

_____

(1) Mme Lachapelle. Pratique des accouchements, etc., t. III, 10e mémoire, p. 295 et suiv. 1825.

(2) Traité de l'art des accouchements, 2e édit., p. 225 et suiv. (1835).

Il consacre un paragraphe spécial à ce qu'il appelle : « *Déviation antérieure de la tête du fœtus et postérieure de la matrice.* » Voici textuellement ce qu'il en dit avec une observation à l'appui :

« Je dois mentionner ici un genre de déviation que je n'ai rencontré qu'une seule fois, dont je n'ai trouvé que peu d'exemples dans les auteurs, et qui ne doit pas être confondue avec l'obliquité antérieure. »

Obs. VII. — Sur une femme qui vint faire ses couches à mon amphithéâtre au mois de mai 1828, le fond de l'utérus était plutôt surélevé en arrière qu'en avant. La tête du fœtus formait au-dessus du détroit une saillie considérable qui descendait jusque auprès de la vulve, et se trouvait *au devant* de la symphyse pubienne. Les parois du ventre étaient d'ailleurs si minces qu'on sentait aisément la tête, ses fontanelles et ses sutures à travers leur épaisseur. L'occiput était à droite et la face à gauche. Le pariétal droit appuyait sur la face antérieure de la symphyse pubienne, et le gauche se trouvait en avant. Le col utérin, qu'il fallait aller chercher au niveau du détroit supérieur, semblait être creusé dans l'épaisseur de la matrice, ce qui lui donnait beaucoup plus de longueur en arrière que dans le sens contraire. Pour trouver l'orifice et pénétrer vers la tête de l'enfant, je fus obligé de recourber le doigt de manière à le faire passer horizontalement au-dessus des pubis. Une pareille disposition me surprit, et j'en fis part aux élèves qui en constatèrent facilement l'existence. La marche du ravail en fut tellement entravée, qu'après sept jours de douleurs et de conractions assez fortes, le col, quoique très-mou et très-dilatable, ne s'était que légèrement entr'ouvert. Desormeaux, que j'invitai à venir examiner ce fait remarquable, avoua n'avoir encore observé rien de semblable et pensa comme moi, qu'il fallait, à l'aide de la position et de l'action de la main, convenablement combinées, tâcher de reporter la tête dans le centre du détroit supérieur, en la faisant glisser de bas en haut et d'avant en arrière par-dessus la symphyse les pubis. Je commençai à exécuter cette manœuvre à 8 h. 1/2 et la continuai, en alternant avec plusieurs élèves, jusqu'à 9 heures. De ce moment il n'y eut plus de tumeur au devant de la symphyse, et le travail marcha si rapidement, qu'en moins d'une heure on vit l'enfant sortir, et la délivrance elle-même se terminer. M. Broqua me paraît avoir rencontré quelque chose de semblable.

Un pareil état semble se rattacher : 1° à l'inclinaison postérieure de la matrice ; 2° à l'inclinaison outrée du détroit supérieur ; 3° à quelque position déviée de la tête du fœtus, ou peut-être à l'épaisseur, à la densité inégale des parois de l'utérus. C'est à ce déplacement qu'il convient de rapporter les positions décrites sous le nom de sus-pubiennes, par Mᵐᵉ Lachapelle.

Malgré ce que dit M. Velpeau de l'analogie qui existerait entre ce fait et celui rapporté par le Dʳ Broqua dans son mémoire *sur un accouchement laborieux qui n'a pu être terminé que par les instruments* (Paris, 1824).

1824), il est impossible de partager son opinion. Rien ne permet une pareille assimilation.

Obs. VII. — *Cas de rétroversion singulière de l'utérus, par le Dr de Billi, professeur à l'Ecole impériale et royale d'obstétricie de Milan* (1).

Le 1er février 1844 fut apportée à la Clinique obstétricale de cette ville une femme âgée de 28 ans, d'un tempérament lymphatique, d'une taille moyenne, qui se trouvait depuis la veille en travail d'accouchement.

« Sept ans auparavant elle avait mis au jour, naturellement et au terme ordinaire, un fœtus vivant et bien développé. Sauf un état habituel de constipation, la santé de cette femme avait toujours été florissante. Dans cette seconde grossesse, la constipation devint plus grande dès les premiers jours, et vers le troisième mois environ de la gestation, la femme commença à éprouver une sensation pénible comme d'un corps volumineux dans la cavité du petit bassin. Au quatrième mois, des tiraillements forts et douloureux se firent sentir à la région des aines, à la partie interne des cuisses et aux lombes. Au cinquième, mois un tiraillement douloureux du vagin vint s'ajouter à cet état ; la constipation devint encore plus grande, et l'évacuation des urines ne s'effectua plus que difficilement. Au sixième mois, tous les désordres que nous venons de décrire étaient plus considérables. Pendant le septième mois cette femme fut, en outre, tourmentée par de très-vives douleurs dans l'intérieur du petit bassin, et à la partie antérieure de l'abdomen, douleurs qui la contraignirent à garder le lit. Les urines n'étaient expulsées qu'avec de grands efforts, et les évacuations alvines n'avaient lieu qu'avec d'effroyables difficultés, malgré l'usage répété, des purgatifs et des lavements.

« Vers le milieu du huitième mois (le 23 janvier), il s'écoula du vagin une assez grande quantité d'eau. Celle-ci, blanchâtre dans le principe, prit ensuite une teinte d'un vert foncé. Il en résulta pour la femme un grand soulagement. Le 31 au soir, les douleurs qui annoncent l'accouchement s'étant manifestées, la femme fit appeler une sage-femme ; celle-ci n'ayant pu, après des explorations répétées, trouver l'orifice de l'utérus, réclama l'avis d'un chirurgien. Ce chirurgien, ainsi que deux autres de ses confrères, qui furent appelés plus tard, pensèrent qu'il s'agissait d'une grossesse extra-utérine. La femme fut apportée le jour suivant à l'hospice de la Maternité.

« Les renseignements que nous avons donnés jusqu'ici nous furent fournis par la femme et par l'accoucheuse qui l'assistait. Ayant examiné l'abdomen de la patiente, je sentis à travers ses parois un corps d'un volume pareil à celui que présente habituellement l'utérus au neuvième mois de la grossesse. Par l'exploration interne, je pus ensuite m'assurer que la conformation du bassin était normale, que son ouverture supérieure ainsi qu'une grande partie de son excavation étaient occupées par un corps de forme ronde, placé entre le rectum et le vagin, et recouvert par la paroi posté-

(1) *Journal de chirurgie*, 1845, page 315.

Depaul.   3

rieure de ce dernier organe. Le canal vaginal était un peu comprimé entre cette tumeur et le pubis. Le doigt introduit dans le vagin ne parvint pas à toucher l'orifice de l'utérus. Pour reconnaître où était cet orifice et où arrivait le fond du vagin, j'introduisis dans celui-ci une sonde de femme, laquelle pénétra si haut que, de l'extérieur, on sentait son extrémité à cinq travers de doigt au-dessus du pubis. Du vagin s'écoulait un liquide qui ressemblait aux eaux de l'amnios colorées par du méconium. Ayant introduit ensuite le doigt dans l'anus, je trouvai le rectum comprimé par la tumeur décrite ci-dessus, contre la paroi postérieure du bassin, et j'ai pu m'assurer aussi que cette tumeur n'était autre chose que la tête du fœtus dont on reconnaissait distinctement une fontanelle et les sutures. Au moyen du stéthoscope, je ne pus pas entendre les battements du cœur du fœtus dont la femme ne sentait plus, depuis trois jours, les mouvements actifs. Les douleurs de l'accouchement ne se faisaient sentir qu'à des intervalles éloignés.

« Je soupçonnai ce dont il s'agissait ; mais pour en avoir la certitude, je fis coucher la femme sur le côté droit ; j'introduisis la main gauche dans le vagin, et ayant franchi avec quelque difficulté le point où ce canal se trouvait comprimé, je.portai les doigts jusqu'au lieu où parvenait la sonde, et là je trouvai l'orifice de l'utérus. Sa configuration était celle d'une fente de l'étendue d'un pouce d'un côté à l'autre, et de 4 lignes environ d'avant en arrière. Je pus même, avec le bout d'un doigt, pénétrer dans son intérieur et toucher la partie par laquelle se présentait le fœtus, partie que sa mollesse et les autres signes déjà décrits me firent reconnaître pour les fesses.

« D'après toutes ces observations, il ne me resta plus de doutes ; le fœtus était dans l'utérus. Cet organe, avec une.partie de son fond, se trouvait en bas, dans la concavité du sacrum, tandis que son orifice était en haut, à peu de distance de l'ombilic de la femme.

« Pour que l'accouchement pût s'effectuer, il était donc nécessaire de reporter le fond de l'utérus en haut, et le col en bas. A cet effet, je fis placer la femme sur le lit presque transversalement et couchée sur le flanc. Je posai une main sur le ventre à l'endroit qui correspondait à l'orifice de l'utérus, et introduisis l'autre dans le vagin. Avec le poing serré de cette dernière, je poussai graduellement sur la partie de l'utérus qui occupait le petit bassin, agissant d'arrière en avant et de bas en haut. Par ce moyen je réussis, non sans difficulté, à la faire passer au-dessus de l'ouverture supérieure du bassin. Alors avec la main placée sur les parois abdominales, comprimant l'autre extrémité de l'ovale formé par l'utérus, je fis exécuter à celui-ci un mouvement de demi-cercle par lequel son fond, parcourant la partie interne postérieure de l'abdomen, vint se porter en haut, tandis que l'orifice gagnait le bas. Cette manœuvre fut d'une courte durée. La femme assura qu'elle avait très-peu souffert pendant que je la pratiquais.

« En introduisant le doigt dans le vagin, on put alors reconnaître que l'orifice de l'utérus avait la forme ci-dessus décrite ; au fond de cet organe, touché à travers les parois addominales, on remarquait à gauche un sillon profond, dû à la pression qu'il avait soufferte dans le détroit supérieur du bassin. J'exécutai cette opération au commencement de la nuit, et dans le cours de celle-ci, la femme eut des douleurs d'accouchement séparées les unes des autres par de longs intervalles de calme.

« A 7 heures du matin, l'orifice de l'utérus avait une forme presque circulaire. Il se trouvait au centre du bassin ; il en sortait des eaux noirâtres et fétides, et l'on pouvait toucher distinctement les fesses du fœtus. La femme se plaignait de douleurs dans tout le bas-ventre ; l'utérus était douloureux au contact, le pouls fébrile. Une saignée du bras dissipa tous les symptômes, et à 11 heures du matin l'accouchement s'effectua naturellement dans la première position par les fesses. Le fœtus était mort. Il pesait 8 livres 1[2. Sa longueur était de 18 pouces 1[2. Le placenta fut expulsé quelques minutes après la sortie du fœtus.

« L'utérus, contracté, se présentait assez volumineux, de forme ovale ; au côté gauche de son fond on remarquait une tuméfaction ; les extrémités de l'ovale correspondaient aux côtés du bassin. Tout se passa régulièrement pendant les cinq premiers jours qui suivirent l'accouchement. Mais au sixième la sécrétion du lait diminua ainsi que l'écoulement des lochies ; l'utérus devint douloureux et la fièvre se déclara. Une application de sangsues aux grandes lèvres suffit pour dissiper ces phénomènes morbides. Grâce à elle, l'accouchée put, douze jours après sa délivrance, sortir de la Clinique dans un état de santé parfaite.

« Il me semble que ce cas grave et extraordinaire d'obstétricie est dû aux causes que je vais indiquer. On sait que dans les premiers mois de la grossesse l'utérus descend un peu au-dessous de sa position naturelle, et incline son fond vers le sacrum, de sorte qu'on pourrait le considérer alors comme se trouvant dans un état de légère rétroversion. A cause de la grande constipation à laquelle la femme était sujette, le poids des matières fécales pressait le fond de l'utérus dont le développement s'effectuait par suite de la grossesse. Les efforts auxquels la femme était contrainte de se livrer de temps à autre pour expulser ces matières, augmentaient la déviation de l'utérus indiquée ci-dessus, en obligeant son fond à se porter de plus en plus en bas.

« La fibre molle, faible et relâchée de la femme permit l'allongement du vagin et des ligaments de l'utérus, et c'est par suite de cet allongement que le col de l'utérus put se porter graduellement en haut, et arriver ainsi jusqu'à dépasser le détroit supérieur du bassin. Alors ce viscère ne se trouvant pas avec son axe longitudinal entre le pubis et le sacrum, son emprisonnement dans le petit bassin n'eut pas lieu, ainsi que cela arrive quelquefois, et il se distendit librement dans la cavité abdominale.

« Le développement de l'utérus dans cette direction anormale amena cette série de phénomènes morbides que j'ai indiqués plus haut, et au milieu du huitième mois de la grossesse les ligaments et le vagin ne se prêtant plus à une distension ultérieure, l'utérus ne put pas par conséquent se distendre davantage, et c'est alors qu'eurent lieu la rupture des membres et le travail de l'accouchement. C'est probablement ainsi que les choses durent se passer. »

Obs. IX. — *Un cas de dilatation sacciforme du segment inférieur postérieur, avec quelques remarques sur le* SITUS OBLIQUUS POSTERIOR *et la rétroversion utérine à la fin de la grossesse,* par le docteur Walker Franke (1).

La femme L..., âgée de 21 ans, forte, primipare, est surprise dans la soirée du 16 février par le départ subit d'une grande quantité de liquide amniotique. Sauf une forte leucorrhée dans la seconde moitié de la gros-sesse, cette dernière avait été normale ; la femme était à terme ; cependant elle fut inquiétée par cet accident, parce qu'elle savait que les eaux, d'ordi-naire, ne s'écoulent qu'à une certaine période du travail. La sage-femme appelée en toute hâte la rassure en disant que ce sont de fausses eaux. Elle ne peut, du reste, ni trouver l'orifice, ni constater de contractions. La nuit est bonne ; la journée du 17 se passe bien, sauf un peu d'écoulement qui continue, et ce n'est que le 18 au matin qu'elle est réveillée par des tiraille-ments dans les reins et le bas-ventre. Les contractions se régularisent, d'abord avec de longs intervalles ; mais le soir elles deviennent plus fortes et plus fréquentes, et cependant la sage-femme ne peut toujours pas trouver d'ori fice, ce qui la décida à faire appeler le Dr Franke dans la nuit du 18 au 19. Celui-ci trouve, à l'extérieur, tout normal, fond utérin à droite, d'une largeur de main au-dessus de l'ombilic, parties fœtales à droite ; à gauche, le dos ; de ce côté les battements redoublés ; souffle utérin partout ; contractions assez fréquentes et régulières ; utérus mou dans les intervalles et complè-tement insensible ; parties génitales externes normales. Muqueuse un peu rouge par suite d'une vaginite granuleuse ; mais ce qui frappe tout d^e suite, c'est la brièveté de la paroi postérieure du vagin, le doigt arrivant tout de suite à la voûte vaginale. Cela est dû à la saillie, à la proéminence de la paroi utérine poussée aussi par la partie basse du fœtus, c'est-à-dire la tête. Toute la cavité pelvienne, surtout dans sa partie postérieure, est rem-plie par une sorte de demi-boule pesante, solide, et seulement à la partie antérieure se trouve assez de place pour engager et élever un doigt. Mais, même la femme étant debout, et le doigt de l'explorateur étant placé le dos de la main en avant, il est impossible de trouver l'orifice, quoique ce soit là qu'il faille le chercher. L'examen est du reste peu douloureux, même en avant. L'examen externe confirme le précédent, quant au bassin ; d'ailleurs la tête est déjà si basse que sa position fait rejeter l'idée d'un rétrécisse-ment du détroit supérieur. Contractions régulières au moins quant à la pé-riodicité, à la force, à la durée ; quant à leur influence sur la dilatation du col, elle est au moins douteuse, puisqu'on ne pouvait atteindre ce dernier. L'état général ne présentant pas la moindre inquiétude, on se contente de rassurer la malade et de lui recommander la patience, l'intervention de l'art n'étant pas reconnue nécessaire.

Le lendemain 19, après une nuit assez calme, les douleurs reviennent plus énergiques et plus fréquentes. Alors seulement l'accoucheur examinant la

(1) *Monatss für Geburts,* mars 1853 (traduite dans l'*Union médicale* de 1764, par le Dr Lauth).

femme debout, le coude fortement tendu, le dos de la main en avant, parvient à atteindre l'orifice situé en avant, au-dessus de la symphyse pubienne, dilaté de 1 pouce 1/2, présentant une fente transversale et deux lèvres distinctes, la postérieure assez épaisse ; il sent, libres de membranes,
la tête et une suture coupant à angle droit l'orifice, suture qui, ainsi que la
suite le vérifia, doit être une partie de la suture frontale ; les douleurs, en
se répétant, ne font qu'amincir les bords sans exercer d'influence sur la
forme et la situation de l'orifice. A midi seulement la scène change ; l'orifice se dilate sensiblement, surtout dans sa portion postérieure ; par là on
sent une plus grande partie de la tête et l'on touche distinctement la grande
fontanelle tournée vers la paroi antérieure du bassin ; plus l'orifice se dilate, et plus aussi il s'abaisse et devient plus appréciable. Les rotations de
la tête sont sensibles et plus faciles, de telle sorte que la suture sagittale se
rapproche du diamètre oblique ; le reste marche vite. A deux heures, douleurs expulsives, action énergique des muscles abdominaux ; à trois heures,
naissance d'un garçon vivant et fort, délivrance naturelle presque immédiate. L'utérus se rétracte bien, et plus tard on ne trouve plus d'autre irrégularité que la brièveté de la paroi postérieure du vagin.

En recherchant maintenant les causes qui ont pu amener la position
irrégulière de l'orifice utérin, il nous faut avant tout, dit Franke, exclure la position vicieuse de la tête. Dans les bassins peu inclinés, avec
une forte courbure en avant de la colonne vertébrale, la tête à son
entrée dans le pelvis peut s'appuyer contre la paroi antérieure du bassin ; le pariétal situé en avant s'y fixe, le postérieur descend ; l'orifice
est plus en avant ; la lèvre antérieure n'est pas encore retirée ; la suture sagittale est aussi plus antérieure, le doigt explorateur ne peut
monter entre la paroi antérieure du bassin et de la tête ; la pression
vers le pubis est douloureuse, etc. Ici rien de semblable, et avant
tout, la tête était tellement descendue dans la cavité pelvienne, qu'il
ne pouvait pas être question d'un point d'appui qu'elle aurait pris sur
la symphyse. De plus, là, le doigt pouvait monter sans exercer de
pression douloureuse; d'ailleurs, la forme particulière du segment inférieur postérieur de l'utérus ne pouvait être expliquée par cette position
irrégulière de la tête. On pouvait dès lors penser à une position anormale de l'utérus, à une obliquité postérieure, *situs obliquus posterior*,
dans laquelle, si toutefois la chose est possible, le fond s'appuierait
en arrière, à la colonne vertébrale, et le segment inférieur remonterait
en avant ; mais après avoir passé en revue la plupart des auteurs qui,
depuis Deventer, ont plus ou moins spécialement traité de la déviation de l'utérus, le Dr Franke arrive à conclure que ce changement de position de l'organe, à la fin de la grossesse, ou au début du

travail, lui paraît impossible, et que les observations données à l'appui ont été ou mal faites ou mal interprétées. En effet, quand bien même la position normale de l'utérus gravide n'est pas constante, on admet cependant généralement comme règle que l'axe longitudinal est à peu près parallèle à celui du détroit supérieur, donc, oblique à l'axe du corps. A la fin de la grossesse, l'utérus n'est pas perpendiculaire pas plus que l'enfant, mais incliné plus ou moins en avant, de telle sorte que si l'on donne 50 ou 60 degrés à l'inclinaison du bassin, il fait avec l'horizontale un angle de 30 à 40°. Que des parois abdominales résistantes puissent empêcher plus ou moins cette inclinaison en avant du fond de l'utérus, et l'empêchent ainsi chez les primipares, cela est un fait acquis, mais cela ne suffit pas pour admettre une obliquité postérieure. On ne peut pas davantage donner comme cause de cette déviation la cyphose de la colonne lombaire, puisque beaucoup d'accoucheurs regardent cette courbure comme une simple hypothèse, tandis que personne, dans ces cas, n'a observé ou décrit la déviation en arrière. D'ailleurs, si l'on découvre dans une cyphose réelle ce groupe de symptômes, on peut leur trouver une explication étiologique bien plus probable.

En effet, si dans la cyphose le bassin est en général large et de grande hauteur, le diamètre antéro-postérieur prédomine et par là explique le fait depuis longtemps connu que les bossues, d'ordinaire, accouchent facilement. Il se peut aussi, la partie lombaire étant le siége primitif de la courbure, il se peut, disons-nous, surtout si cette courbure est prononcée et siége à la partie inférieure de la colonne lombaire, que l'inclinaison du bassin se trouve sensiblement diminuée et l'entrée du pelvis presque horizontale. Il en résulte alors une moins grande voussure de l'abdomen, un raccourcissement du tronc et une sorte de diminution dans les deux cavités pelviennes. On peut alors, dans un cas semblable, croire la grossesse moins avancée qu'elle ne l'est réellement. Ainsi s'expliquent les symptômes subjectifs dus au rétrécissement de la cavité abdominale, et les objectifs, tels que forme de l'abdomen, position du *fundus* utérin et altitude particulière de la tête : car précisément, dans ces bassins peu inclinés et élevés, se remarque cette position de la tête que certains accoucheurs ont donnée comme caractéristique de l'*obliquité postérieure* et dont nous avons parlé plus haut. Dès lors, en trouvant ainsi la tête et l'orifice du col, on conclut, à tort, à une position inverse du fond, surtout en examinant la femme couchée, tandis qu'en réalité le fond avait conservé sa position normale. Cette position de la tête se voit du reste ainsi, quoique à un moindre degré, dans des bassins à dimension régulière, et Nægele fils a trouvé une explication plus plausible de la déviation dans la configuration particulière de l'utérus où il s'est formé une dilatation sacciforme à son segment inférieur en avant et d'ordinaire un peu à gauche, dans laquelle est logée la tête fœtale, de telle sorte qu'elle forme une saillie juste au-dessus du pubis. Nous croyons, dit Franke, impossible la *réclinaison* de l'utérus à terme et n'admettons qu'une chose, c'est que quelquefois cet organe est plus perpendiculairement placé sur la surface oblique de l'entrée pelvienne. Cherchons donc une autre explication pour notre cas. Or, les symptômes subjectifs avaient ici une certaine analogie avec la *rétroversion* ou degré plus prononcé que la *réclinaison* dont nous venons de parler. Il est vrai que la rétroversion n'est admise, presque par tous les accoucheurs allemands, que dans les trois ou quatre premiers mois. Mais la chose diffère si, en faisant abstraction de la rétroversion de tout l'utérus, on admet une *rétroversion*.

Mende, le premier, en 1825, a parlé d'une vraie et d'une fausse rétroversion. « La première, dit-il, est celle qui répond à l'idée que tout le monde s'est faite de cette affection ; l'autre, dont la vraie nature paraît avoir été jusqu'ici complètement méconnue, est une dilatation sacciforme de la paroi postérieure de l'utérus avec laquelle cet organe s'abaisse entre le rectum et le vagin, sans que la position ou situation du reste de la matrice paraisse au premier abord sensiblement modifiée. »

Voici les signes qu'il en donne : « 1o Elle apparaît dans les derniers mois de la grossesse ; 2o la partie dilatée n'est pas aussi profondément abaissée que le fond de l'utérus dans la vraie rétroversion ; 3o l'attitude de tout l'utérus en est moins modifiée ; cependant le fond est un peu attiré en arrière. Par cela, il paraît moins bombé ; le développement de l'organe vers le haut est moindre par rapport aux côtes ; 4° selon la présentation du fœtus, diverses parties pourront s'engager dans cette dilatation ; cependant cela est rare. Néanmoins comme la cavité utérine se trouve pressée dans sa portion supérieure de haut en bas, dans ses portions moyenne et inférieure, d'avant en arrière, de façon à obtenir une figure triangulaire, tout le fœtus et surtout la tête seront tellement comprimés que le fœtus meurt et paraît comme écrasé ; cela dépend, du reste, du degré et de la durée du mal ; 5° les accidents ressemblent à ceux de la vraie rétroversion, mais sont plus lents et restent, d'ordinaire, plus modérés. L'émission des urines est moins troublée, mais la défécation est plus souvent difficile ; 6° d'ordinaire, l'avortement a lieu, accompagné d'accidents orageux de spasmes, de fortes douleurs, d'hémorrhagies graves, etc. ; si cela n'arrive pas dès le début, les souffrances au lieu de diminuer avec le cours de la grossesse, comme cela a lieu dans les circonstances favorables, ces souffrances augmentent, au contraire, tous les jours ; 8° l'état général y participe ; il survient de l'amaigrissement, de l'œdème aux membres inférieurs, de l'anasarque, de la fièvre hectique ; 9° dans les tentatives de réduction, on trouve la partie rétroversée moins dure et moins résistante que dans la vraie, et cependant elle se laisse bien plus difficilement refouler ; il faut d'ordinaire employer la moitié de la main ou la main entière ; 10° une fois réduite, il est très-difficile d'éviter la récidive. »

Après Mende, ce fut Kiwisch qui en 1851 se prononça catégoriquement pour ces deux espèces de rétroversion de l'utérus gravide, en ajoutant que cet accident, après le quatrième mois, ne peut pas du tout s'admettre autrement que par une rétroversion partielle, une dilatation sacciforme de la paroi inféro-postérieure de la matrice.

Voici ce que dit à son tour Scanzoni : « La rétroversion partielle, affection particulière aux derniers mois de la grossesse, consiste en ce que la paroi postérieure de l'utérus s'affaisse comme un sac dans l'intervalle de Douglas ; elle est due uniquement à la pression qu'exerce la partie fœtale qui se présente sur la portion postérieure du segment inférieur, lorsque avec un bassin peu incliné, le fond utérin penché en avant, le tronc du fœtus également bien incliné, en avant, la tête se trouve penchée vers la cavité sacrée, et que dans ce mouvement, le tissu relâché de l'utérus cède, que la partie vaginale soit par là refoulée en haut et en avant, est dans la nature des choses. »

Scanzoni ne l'a vue que dans les deux derniers mois de la grossesse ; il n'a pas observé une influence fâcheuse sur le cours de la grossesse, tout au plus les symptômes de l'antéversion auxquels s'associèrent, à un degré modéré, ceux de la compression du rectum. Dans notre cas, il existait probablement une rétroversion partielle, car nous observâmes les symptômes décrits par les auteurs, à savoir, position anormale du fundus, saillie du segment inféro-postérieur de l'utérus par la tête fortement descendue, orifice en haut et en avant, marche spéciale du travail. Mais le Dr Franke ne voudrait pas même l'appeler rétroversion partielle, en tant que ce mot fait supposer un changement de position de la situation de l'utérus, tandis qu'une partie seulement s'est modifiée et qu'il y a là seulement une *modification de forme*, il lui a donné, comme l'indique le titre, celui de *dilatation sacciforme*, nom indiqué par Wigaud, qui l'avait appliqué à l'une de ses quatre espèces d'obliquité de la matrice.

Quant à la cause, à l'origine de cette modification, elle est difficile à apprécier. Kiwisch la fixe au milieu de la grossesse, disant que, avant, le tissu utérin est trop ferme pour céder, et après, le fœtus plus développé sert d'appui naturel à l'organe et le préserve d'une pareille dislocation. Par contre, Scanzoni qui dit ne l'avoir observée que dans les deux derniers mois de la grossesse, l'attribue à certains éléments dont la présence nécessaire est douteuse, puisque dans le cas spécial, il n'y avait pas de bassin particulièrement incliné et pas davantage un relâchement des parois abdominales.

Conclusions : 1° L'affection appelée *situs obliquus posterior uteri gravidi* n'existe pas ; les phénomènes donnés par les auteurs comme caractéristiques doivent s'expliquer tout autrement ; 2° il n'existe pas davantage de rétroversion dans la deuxième moitié de la grossesse, encore moins à terme ou au début du travail. Les rares observations qui paraissent parler en sa faveur et furent aussi décrétées comme telles, ont leur explication si l'on admet 3₀ une rétroversion partielle, apparente ou fausse; mais elle consiste non en un changement de direction, mais de forme, obliquité due à la *dilatation sacciforme* du segment inféro-postérieur de l'utérus.

Obs. X. — *Cas de rétroflexion de l'utérus gravide pendant le travail à terme,*
par le Dr H. Oldham (1).

Le 27 juin 1859, je recevais une note de M. Osborne, de Briston, m'informant qu'il avait « un cas d'accouchement qui allait être probablement d'une difficulté extraordinaire, qu'il supposait avoir affaire à une rétroversion, parce que l'orifice était remonté très-haut derrière la symphyse, et que le segment postérieur du col de l'utérus était aminci et distendu. Le travail actif n'était pas encore commencé, mais il y avait eu des douleurs prémonitoires le jour précédent et la nuit. » Une consultation était conclue pour le jour suivant, à 2 heures 15 minutes après midi, et dans la matinée M. Osborne m'écrivit que le « travail s'était déclaré dans la soirée précédente, mais qu'aucun progrès n'avait été fait, l'orifice étant resté inaccessible et très-élevé derrière la symphyse. »

En voyant la patiente au moment convenu, j'appris qu'elle avait été au-

(1) Transactions of the obstetrical society, of London, 1860.

trefois femme de chambre chez un de mes clients, et que je l'avais vue trois ans auparavant pour des douleurs qu'elle éprouvait dans la miction ainsi que dans les efforts de défécation. Ces symptômes avaient suivi deux chutes qu'elle avait faites un an auparavant. L'utérus à cette époque était dans un état de congestion inflammatoire, et était déplacé en arrière. Un traitement convenable fut prescrit, comprenant l'usage d'une pelote et d'un bandage, et bien que ces symptômes fussent améliorés, les douleurs en urinant et en allant à la selle continuaient, et s'aggravaient aux époques menstruelles. Elle se maria en mai 1851, et quand elle fut très-avancée dans sa grossesse, M. Osborne fut appelé pour la voir et ce fut en faisant un examen quand les douleurs prémonitoires du travail se montrèrent, qu'il s'aperçut pour la première fois de la singularité du cas. La grossesse avait marché sans que l'obstruction de la vessie et du rectum et les symptômes précédents aient excédé ce qui est ressenti souvent même par des femmes bien portantes. Elle était bien constituée, d'une bonne santé, d'une taille moyenne, avec un large bassin. C'était sa première grossesse et elle était arrivée à terme. M. Ord et M. Brown, hommes d'une grande expérience, avaient vu le cas avec M. Osborne et avec M. Ord jeune, qui étaient alors présents, et mon collègue, M. le Dr Hicks, m'avait accompagné.

En examinant le cas, je fis d'abord coucher la patiente sur le dos, et je remarquai que la tumeur abdominale différait pour le volume et pour la forme de l'utérus gravide complètement développé. C'était, il est vrai, une tumeur considérable, dure et bien limitée, mais elle ne s'élevait pas plus d'une largeur de main au-dessus de l'ombilic, et son sommet s'enfonçait au lieu de faire saillie. Par le toucher vaginal, on sentait la cavité du bassin remplie par une tumeur large, unie, sphérique, qui atteignait en étendue le pourtour du bassin, comprimant les parois du vagin et s'étendant en arrière dans la concavité du sacrum. Cette tumeur était élastique, et contenait évidemment du liquide ; après le déplacement imprimé par le doigt, on y reconnaissait assez bien un corps solide qui donnait la pensée de la présence de la tête fœtale. En suivant le vagin, on sentait que ce canal allait se terminer derrière la symphyse pubienne, mais l'utérus était au delà de la portée du doigt. Tout cela était en faveur d'une rétroflexion ; mais pour rendre le diagnostic certain, aussi bien que pour voir ce qu'il conviendrait le mieux de faire pour faciliter l'accouchement, je résolus de placer profondément la femme sous l'influence du chloroforme ; celui-ci était administré par M. Osborne et M. Ord jeune, tandis que la femme était couchée sur le côté gauche selon l'usage ordinaire.

Il y avait là plusieurs circonstances favorables qui furent remarquées à ce moment. Bien que le travail eût duré dix-huit heures, précédé par la fatigue de près de deux jours de douleurs prémonitoires, il n'y avait aucun signe d'épuisement, le pouls était bon, la peau moite et fraîche, les idées très-nettes, la vessie et le rectum se vidaient par leur action naturelle. De plus, la tumeur, bien qu'occupant la cavité pelvienne, n'était pas sortie. Les douleurs du travail n'avaient pas le caractère expulsif, la tumeur demeurait stationnaire sous leur influence et ne descendait pas. M. Osborne avait remarqué au commencement du travail l'issue de méconium au dehors, et il en avait conclu que c'était le siége qui se présentait et que les membranes avaient été rompues trois jours auparavant.

Ayant graduellement dilaté l'orifice du vagin, qui était rigide, je passai la main gauche dans le conduit vaginal, en refoulant la tumeur en arrière, afin de me frayer un passage vers l'orifice utérin. Pendant ce temps, la main était violemment serrée, et l'espace qu'il y avait à traverser avant d'atteindre l'orifice utérin, qui était au moins de 3 pouces au-dessus de la crête pubienne, était considérable ; l'orifice était fermé, mais en introduisant le bout d'un doigt, puis un autre doigt, je dilatai graduellement l'orifice, et celui-ci céda beaucoup plus facilement que je ne pouvais m'y attendre. De cet examen il ressortait deux points : 1° les doigts complètement étendus pouvaient juste atteindre le scrotum mobile de l'enfant, mais avec l'autre main sur l'abdomen, je trouvais qu'il m'était possible d'atteindre le fémur de l'enfant et de l'abaisser rien que par des manœuvres externes, de façon que les doigts pouvaient toucher non-seulement le scrotum, mais aussi les fesses et l'anus ; 2° les doigts, dirigés en arrière, pouvaient se replier au-dessus d'un bord réfléchi, qui était formé par un tissu remarquablement dur et ferme, et on sentait que la cavité de l'utérus se continuait en bas. Le diagnostic était ainsi confirmé ; il était évident que nous avions affaire à une rétroflexion complète de l'utérus gravide à terme, son fond contenant la tête du fœtus et une grande quantité de liquide amniotique occupait la cavité pelvienne ; le segment inférieur, considérablement élevé au-dessus du détroit supérieur, et ayant par là même attiré le vagin, était partiellement occupé par l'extrémité pelvienne, ainsi élevée en raison de l'abaissement de la tête, et était légèrement tendu à l'endroit de l'orifice utérin par suite de la courbure de l'utérus.

On pouvait, cependant, faire basculer les fesses autour de la bride et les diriger en bas à l'aide de la main appliquée au dehors. Je fis alors une tentative pour redresser l'utérus, en tendant la paume de la main sur le fond convexe et le pressant fortement vers l'axe du bassin, mais la tumeur était trop vacillante et trop large pour être refoulée, et je retirai ma main.

Il me parut alors que la ressource qui me restait était de faire une tentative plus hardie pour me procurer une prise sur une partie de l'extrémité pelvienne de l'enfant, et en l'abaissant autant que possible pour retirer la tête de sa position déclive, et faciliter ainsi le redressement de l'utérus. Je ne pouvais compter sur l'assistance d'aucun instrument connu, parce que l'espace était trop étroit et trop profond pour permettre son application. J'introduisis la main droite serrée et comprimée entre l'utérus et le pelvis, et j'essayai d'atteindre le pli inguinal de l'enfant, aidant mes efforts par une pression extérieure, mais je ne pus qu'atteindre l'anus ; j'y introduisis mon doigt, et je trouvai que je pouvais toucher sur le côté du bassin fœtal une saillie qui me permit d'attirer les fesses un peu plus bas, et à la fin je sentais distinctement la tête se relever au-dessus. Je transportai alors tout à coup et rapidement ma main du bassin de l'enfant vers la partie plus inférieure de la tumeur, tout en maintenant bien la pression extérieure, et je trouvai que la tumeur cédait à mes efforts pour la relever ; en la suivant constamment, je sentais que le fond s'était relevé au-dessus du détroit, et passait avec une remarquable rapidité vers la partie supérieure et antérieure de l'abdomen. L'orifice utérin étant alors abaissé, et en saisissant un pied je retirai l'enfant en quelques minutes, mais celui-ci avait cessé de vivre. Une heure avait été employée pour cet accouchement, durant lequel la patiente était restée complètement sous l'influence du chloroforme.

M. Osborne se chargea alors du cas, et retira le placenta. J'appris de lui que les trois premiers jours la malade allait bien, avait un pouls calme, quand un large caillot noirâtre fut expulsé, avec une quantité de liquide sale comme de la thériaque, d'une odeur horrible, et qu'il survint à sa suite une hémorrhagie d'un caractère alarmant. La femme se rétablit néanmoins. Je n'ai pas eu l'occasion, la malade étant dans son pays, de l'examiner depuis.

Dans le traité d'accouchements de Cazeaux, revu et annoté par M. Tarnier, le premier de ces auteurs dont le texte des éditions précédentes n'est pas modifié, se rattache à l'opinion de Deventer et ne croit pas devoir exclure l'obliquité utérine postérieure (il s'agit bien entendu des derniers mois de la grossesse), et c'est dans les faits de Merriman, Dugès et Velpeau qu'il trouve les motifs de sa conviction. Il attribue cette déviation de la matrice à une résistance trop grande des parois abdominales, et il ajoute que c'est à tort que quelques auteurs l'ont niée et l'ont considérée comme impossible. Quant à expliquer la situation insolite du col derrière la symphise pubienne par un développement anormal de la matrice, il n'en dit pas un mot (1).

M. Tarnier, dans deux notes intercalées dans le texte de Cazeaux, fait les observations suivantes (p. 723).

« La déviation de l'orifice vers le pubis est incontestable dans un certain nombre de cas. Nous accordons cependant volontiers qu'au lieu de chercher dans ce fait une obliquité de l'utérus, il vaudrait peut-être mieux l'expliquer par une irrégularité dans le développement de l'utérus, dont la moitié postérieure se serait abaissée outre mesure, pendant que la moitié antérieure aurait résisté. »

Un peu plus loin (p. 726), faisant allusion au fait au sujet duquel j'avais été appelé à donner quelques explications devant l'Académie de médecine, il ajoute : « Nous avons déjà dit que l'obliquité postérieure, difficile à comprendre dans son mécanisme, s'explique facilement si l'on veut n'y voir qu'une irrégularité du développement de l'utérus, dont le segment postérieur serait dilaté outre mesure, pendant que le col serait refoulé en avant. M. le professeur Depaul a adopté cette ex-

(1) 7º édition, 1867, page 721 et suivantes.

plication dans le fait suivant. » Ici, M. Tarnier fait connaître les principales particularités du cas que j'avais été appelé à voir à Lille, en 1857, cas qui a été consigné dans les bulletins de l'Académie (année 1865) et que j'ai reproduit dans [ce travail. Il est évident que la manière dont j'avais interprété cette curieuse observation il y a bientôt 18 ans, a été acceptée par mon confrère puisqu'il l'a jugée digne de la faire figurer dans l'ouvrage auquel il a collaboré. Ce que je tiens à montrer seulement c'est que, jusqu'à cette époque, il n'en avait pas été question dans les autres éditions du livre de Cazeaux.

Dans le traité pratique de l'art des accouchements de H. F. Nægele et M. L. Grenser traduit par M. Aubenas en 1869, se trouve un court chapitre *sur la situation anormale de l'orifice utérin par suite de l'obliquité dans la position ou dans la forme de la matrice.* Les auteurs de cet ouvrage admettent deux états bien différents : 1° *La position oblique de la matrice* (obliquitas uteri quoad situm) quand le fond de l'organe est incliné en sens inverse du col et proportionnellement à la déviation de celui-ci; 2° *L'obliquité de la matrice* (obliquitas uteri quoad figuram) quand le fond ne participe pas à la déviation du col ; ils reconnaissent que ces deux espèces d'obliquité peuvent retarder la marche du travail, beaucoup moins cependant qu'on ne le croyait autrefois.

Dans une note, le traducteur (M. Aubenas) rappelle que dans quelques cas de prétendue obliquité postérieure de la matrice rapportés par des observateurs modernes, on indique, comme le signe diagnostique le plus important, la situation anormale de l'orifice utérin, qui se trouvait en avant, derrière la symphyse pubienne. On en conclut à une déviation correspondante du fond de l'utérus en arrière, mais il est prouvé que dans la déviation mentionnée de l'orifice utérin, le fond occupe généralement sa place ordinaire et que par conséquent la matrice est infléchie. La situation de la tête au-dessus et en avant du pubis, que Dugès et beaucoup d'autres ont regardée comme caractéristique de cette espèce d'obliquité, trouve une explication bien plus satisfaisante dans cette configuration particulière de l'utérus, qui fait que dans son segment inférieur il s'est formé en avant et le plus souvent un peu à gauche, une dilatation en forme de poche, où la tête est logée de manière à faire une saillie immédiatement au-dessus du pubis.

A cela se borne tout ce qui se rapporte à mon sujet ; aucune observation n'est d'ailleurs rapportée.

Barnes (1), dans sa XVIIe leçon, consacre une dizaine de pages environ à l'histoire de la rétroversion utérine pendant la grossesse. Il
n'admet pas qu'elle puisse se prolonger au delà des trois ou quatre
premiers mois. Il reconnaît d'ailleurs, avec tout le monde, que cette rétroversion tend souvent à guérir spontanément, l'utérus, en se développant, pouvant se dégager peu à peu, ou brusquement hors du petit
bassin. Puis il ajoute : « Cela est exact dans quelques cas, mais pas
dans tous, je crois. Voici ce qui se passe dans un grand nombre de
cas ; jusqu'à trois ou quatre mois, la grossesse *pelvienne* s'accompagne
de rétroflexion ou de rétroversion ; à ce moment, les effets de la pression de l'utérus sur les organes voisins se font souvent sentir ; ils
peuvent diminuer graduellement, mais le toucher révèle l'existence
de la rétroflexion. D'où vient ce soulagement?

« L'œuf, dit-il, continuant à s'accroître, repousse la portion des
parois utérines qui regarde en haut en avant vers la cavité abdominale ; de ce côté, il est libre de s'étendre ; il s'étend en effet, et forme
un sac accessoire qui renferme la partie la plus volumineuse jusqu'à
la fin de la gestation. Cette poche secondaire se développe dans l'abdomen, exactement comme le fait tout l'utérus dans la grossesse normale ; le fond et la partie postérieure restent en arrière dans le bassin. Vers la fin de la grossesse, le diverticulum abdominal, se développant davantage que l'autre portion, attire particulièrement cette
dernière hors de sa place, et il se produit une rectification incomplète
de la forme et des rapports de l'utérus ; le col se rapproche du centre
du bassin, et il ne paraît pas y avoir d'obstacle à l'accouchement. J'ai
suivi cette évolution, et je l'ai indiquée fréquemment : je la regarde
comme la plus ordinaire par laquelle la nature échappe au danger
d'un utérus rétrofléchi accroché par le promontoire. Quelquefois, cependant, les choses ne se passent pas aussi bien : le développement se
fait, comme je l'ai dit, entre les deux sacs, l'un pelvien, l'autre abdominal ; mais le sac pelvien reste si volumineux que l'orifice cervical
reste en arrière et au-dessus de la symphyse pubienne ; de sorte que,
lorsque le travail commence, on trouve le petit bassin occupé par la
poche utérine, remplie peut-être par la tête du fœtus, mais il est presque impossible de ramener le col et l'orifice en rapport avec l'axe du
détroit supérieur pour donner passage à l'enfant. »

(1) Leçons sur les opérations obstétricales, 2e édition, 1871. Traduit par
A. Cordes. Paris, 1873.

M. Barnes fait ensuite allusion aux faits de Merriman que j'ai rapportés plus haut, puis il relate l'observation suivante de Hecker (1) :

Obs. XI.—Une multipare, enceinte de six mois, avait été, à plusieurs reprises, atteinte de dysurie et menacée d'avortement. Enfin, elle s'alita avec des douleurs et des crampes. On sentait le fond au niveau du nombril ; l'utérus se contractait ; le col était au-dessus de la symphyse, presque hors d'atteinte ; la concavité du sacrum était occupée par une tumeur molle, élastique, qui repoussait le vagin en avant ; elle faisait saillie en bas à chaque douleur, de sorte qu'on pouvait craindre une rupture. Il ne fut d'abord pas possible de repousser cette tumeur hors du bassin ; mais elle s'éleva ensuite, et en même temps une autre tumeur, ronde, élastique (la poche des eaux), se forma derrière la symphyse ; l'enfant vint alors. »

Communication faite à l'Académie royale de Belgique par le docteur Hyernaux (correspondant) (2).

Je ne m'occuperai que de la partie de la communication qui se rapporte à un cas de latéroflexion prise pour une imperforation de l'utérus.

Obs. XII. — « *Latéroflexion du col prise pour une imperforation de l'utérus. Accouchement laborieux terminé par la décollation du fœtus. Nouveau crochet mousse articulé pour faciliter ce procédé d'embryotomie et pouvant servir de porte-lacs et comme agent de traction.*

« Messieurs,

« Il y a maintenant quatre mois, j'ai fait un accouchement rendu laborieux par une cause de dystocie fort peu commune, si je m'en rapporte à mes souvenirs et à mon expérience personnelle. Cependant l'époque de mon noviciat dans la carrière commence à s'éloigner déjà, et depuis bientôt vingt ans j'occupe (comme adjoint d'abord, comme successeur ensuite du professeur Van Huevel, dont le génie a jeté un si vif éclat sur l'obstétrique belge), une position qui m'a mis à même de rencontrer et d'observer beaucoup de choses plus curieuses et plus imprévues les unes que les autres. Mais, je le répète, un cas identique à celui-ci, je ne l'avais pas encore vu. Je vais donc tâcher de vous le décrire tel qu'il s'est présenté. Je vous dirai ensuite ce que j'ai fait, et comment je l'interprète. Je terminerai en vous présentant, pour surmonter des complications analogues à celles qui m'ont été créées par ce cas, un instrument nouveau que j'ai imaginé à son occasion, ou plutôt pour être juste envers mes confrères, et pour reconnaître à chacun le mérite de ses œuvres, je vous montrerai un instru-

(1) Hecker. *Monalsch f. Feburtsch*, 1858.
(2) Bulletin de l'Académie royale de Belgique, t. IX, 3ᵉ série, n° 4, 1874.

ment qui réalise une idée que d'autres ont réalisée avant moi, mais d'une manière qui, sauf erreur de ma part, n'est guère aussi simple ni aussi expéditive. Mon instrument d'ailleurs ne ressemble à aucun autre.

« C'était le 28 décembre 1874, à 3 heures de relevée. La maîtresse sage-femme de la Maternité m'écrivait qu'elle venait de recevoir à l'établissement une femme dont l'accoucheuse d'abord, un médecin ensuite, avaient déclaré qu'il y avait chez elle absence complète de col et d'orifice à la matrice, et que partant elle ne pourrait être délivrée qu'au prix d'une opération sanglante.

« J'arrive au plus vite près de cette intéressante patiente. Elle me paraît exténuée et sous le coup d'une anxiété bien légitime. Ses traits sont altérés, ses lèvres sont sèches, son pouls est petit et fréquent. A mes questions elle répond qu'elle a 23 ans, qu'elle est mariée depuis deux ans, qu'elle est à terme de sa première grossesse, et à la fin de son septième jour de douleurs, sans être pour cela plus avancée que le premier. Elle assure qu'elle a déjà perdu les eaux depuis longtemps, circonstance qui devait éloigner l'idée d'une imperforation utérine, ainsi qu'on le croyait, à moins de considérer ce renseignement comme le résultat d'une erreur d'appréciation de la part de la parturiente ou de son entourage. L'oreille ne perçoit pas les pulsations fœtales. Le ventre est volumineux sans excès, de forme régulière ; les parois en sont minces et rigides ; la vessie est vide ; l'utérus est rétracté. Il est normal dans sa situation comme dans sa direction et son contour. Il n'existe à la vue aucun indice de viciation pelvienne. Donc extérieurement rien de particulier. Il n'en est plus de même à l'intérieur. Introduit dans le vagin, le doigt y rencontre une tumeur arrondie, dure, occupant en partie le petit bassin. En aucun point elle n'offre ni fluctuation, ni réticence, ni empâtement. De toute part elle est coiffée d'une couche peu épaisse d'un tissu mou qui est le segment inférieur de l'utérus recouvert du vagin, et n'importe où le doigt se dirige, nulle part il ne constate l'existence ni même l'apparence ni du col, ni du plus petit orifice. Du côté droit et partout en arrière, l'index est promptement arrêté par le cul-de-sac vaginal, lequel est effacé, tandis que du côté gauche, en longeant la paroi cotyloïdienne, il peut plonger davantage dans une sorte de sillon, sans cependant découvrir encore aucune ouverture. J'incline alors la femme sur le flanc gauche et, refoulant avec force le périnée pour pousser plus profondément deux doigts dans ce sillon, j'atteins la limite inférieure de la fosse iliaque interne. Là, près et au-dessus du point correspondant, à l'extrémité du diamètre transverse du grand détroit, je trouve enfin une sorte de gros mamelon, percé d'une ouverture large comme une pièce de 2 centimes. C'est bien le col ; celui-ci est bombé et court dans sa portion intérieure ; quant à sa partie supérieure, il est impossible de l'apprécier, parce qu'il est impossible de la circonscrire. Son orifice, plus oblong que circulaire, est inextensible, et son plan dirigé vers la fosse iliaque gauche y est appliqué au-dessus de la ligne innominée. Je l'accroche, et tout en exerçant sur le corps de l'utérus ces pressions méthodiques, je veux l'entraîner vers le centre du bassin, ou tout au moins rectifier autant que possible sa situation. Peine perdue, il ne bouge pas ; il semble même adhérent avec ses points de contact. Au niveau de son ouverture et à son pourtour aminci, en poussant l'index aussi haut que je le peux, je sens de petites inégalités dont l'une représente fidèlement le nez, et les autres des extrémités digitales. Quant à la tumeur pelvienne, il n'est pas douteux qu'elle est constituée par la tête, sans pouvoir toutefois en préciser la région.

«Que faire en cette circonstance? Qu'était-ce que cette cause de dystocie? Quant au premier point, il me fut avis qu'il n'y avait pas urgence d'une intervention active, immédiate, d'autant plus que pour le moment il y avait peu de douleurs, et je n'étais pas sans espoir de voir la situation du col se régulariser, ou la dilatation s'en opérer aux dépens de son segment inférieur, si l'autre ne pouvait y participer; calmer davantage encore le travail, ramollir l'orifice utérin et réparer les forces anéanties de la parturiente, en provoquant du sommeil dont elle était privée depuis si longtemps, et dont elle avait si grand besoin: Telles étaient à mon sens les premières indications. A cet effet, je conseillai un bain prolongé à la sortie duquel je fis administrer une dose d'opium. Dès son entrée à l'hospice, on avait donné à cette femme une tasse de bouillon.

« Le lendemain, à ma visite du matin, j'apprends qu'il y eut du calme pendant une bonne partie de la nuit. La malade a dormi, elle est reposée et plus confiante. Le travail, momentanément suspendu, a repris avec vigueur vers le matin, et lors de mon arrivée à 10 heures, les choses avaient tout à fait changé d'aspect. Le bras droit pendait dans le vagin, la main à la vulve; à droite on sentait la tête refoulée et sensiblement remontée vers la fosse iliaque correspondante, le menton tourné en haut vers le pubis. Plus au centre du bassin se trouvait l'épaule droite et les côtes, bombant. Enfin, vers la gauche, en haut et en arrière, il y avait une anse du cordon ombilical privé de pulsations, et puis encore un pied.

« Voilà donc, en quelques heures, la situation de l'enfant complètement transformée. Comment cela s'est-il opéré? Essayons de le dire. Dès le début, ou tout au moins lors de notre examen, la présentation céphalique, variété frontale, sans doute, puisqu'en même temps qu'il y avait dans le bassin une tumeur dure, sphérique, on sentait plus haut le nez, était probablement; aussi, irrégulière, et la surface, large et convexe du vertex, appuyait contre la ligne innominée droite. Arrivent les contractions : Tout en s'exerçant puissamment sur le tronc, celles-ci ne pouvaient le faire descendre qu'à la condition que la tête descendît d'abord, ou qu'elle se déplaçât. Descendre dans l'état de semi-extension et d'irrégularité où elle se trouvait, et doublée d'un pied et d'une main était chose difficile, tandis qu'il lui aura été plus facile de dévier vers la droite, grâce surtout aux rapports primitifs et à la configuration de ses points de contact avec cette partie du bassin, et peut-être aussi à des contractions irrégulières.

« D'autre part, répugne-t-il à admettre que la dilatation et la régularisation du col se sont accomplies non-seulement par les poussées de haut en bas, mais encore par le tiraillement, par une sorte de traction vers le haut, des fibres distendues de la portion droite et inférieure de l'utérus? Ce mouvement, en s'exerçant à la circonférence du col pour l'attirer au centre du bassin et pour le dilater, ne devait-il pas attirer aussi, dans le sens de

Depaul   4 la traction, c'est-à-dire en haut et à droite, l'extrémité céphalique dont une large surface était cernée par cette portion distendue de l'utérus ? Quoi qu'il en soit, il ne reste pas moins vrai que le fœtus était tassé et comme muré dans le bassin, dans une position impossible à décrire. Plusieurs médecins attachés à l'hôpital, MM. de Roubaix et Van Hoeter entre autres, ont bien voulu confirmer l'exactitude de ces derniers détails, et assister à ce que j'allais faire.

« Messieurs, il serait trop long et d'ailleurs fort déplacé devant une assemblée comme celle à laquelle j'ai l'honneur de parler en ce moment, d'entrer dans des considérations cliniques concernant la conduite de l'accoucheur dans un cas semblable. Je vous fais donc grâce de cela pour vous dire de suite que mon parti fut bientôt pris. Seulement avant de le mettre à exécution, je voulus faire comprendre aux nombreux élèves qui m'entouraient que dans cet accouchement, ou je ne pouvais plus rien attendre de la nature, je n'étais pas libre, non plus, de faire ce que je voulais. Je leur ai donc exposé :

1° Que les chances rares de la version spontanée étaient depuis longtemps passées, ou plutôt qu'il n'y avait pas lieu d'y songer, puisque la tête se présentait de prime abord, et qu'à partir du moment où l'épaule était venue aussi occuper le bassin, elles n'avaient pas existé chez cette femme ;

2° Que la version artificielle était devenue impraticable ;

3° Que, eu égard à la situation actuelle du fœtus, comparée à ce qu'elle était la veille, l'évolution spontanée avait subi un commencement d'exécution, mais qu'elle s'était manifestement arrêtée dans son accomplissement et qu'il serait inutile et dangereux de l'espérer encore ;

« 4° Enfin que l'évolution forcée exposait la mère à des tractions et à des compressions très-compromettantes pour elle, sans compensation aucune du côté de l'enfant, puisqu'il avait cessé de vivre.

Donc, dans l'impossibilité où j'étais d'accommoder le grand axe du fœtus à celui de la filière utéro-pelvienne ou de l'en dégager en double, il ne me restait qu'une chose à faire, l'embryotomie par section du corps ou par section du cou. Pour des motifs qu'il est superflu de rappeler ici, et que tout praticien sait apprécier, j'ai choisi ce dernier mode de délivrance à exécuter d'après la méthode de Heyerdal comme étant la plus simple et la plus expéditive et celle qui m'a si bien réussi plusieurs fois déjà. Vous remarquerez, Messieurs, que je dis la méthode de Heyerdal et non pas celle de M. Pajot, comme on l'a écrit généralement, et comme moi-même, ignorant alors qu'il en était autrement, je l'écrivais en 1866. C'est que je veux rétablir, sans aucune idée d'ailleurs d'une insinuation quelconque, un droit de priorité en faveur du chirurgien de Bergen (Norwége), qui fit connaître le procédé de décollation à la ficelle dès 1856, tandis que l'habile accoucheur de Paris, auquel revient incontestablement l'honneur de l'avoir vulgarisé, ne l'a imaginé qu'en 1863.

« Je portai donc une ficelle sur le cou du fœtus à l'aide d'un long crochet mousse creusé d'une gorge à sa convexité, et, après avoir retiré celui-ci des parties, je fis fonctionner cette corde comme on le fait d'une scie à chaînettes. Quelques instants ont suffi pour séparer la tête des épaules ; une simple traction sur le bras prolabé entraîna facilement le corps, après quoi, empoignant la tête à pleines mains la face dans la paume, mes doigts, index et médius, passés dans la bouche, je l'amenai sans peine au dehors. Il ne m'a fallu guère plus de trois minutes pour délivrer cette malheureuse qui souffrait depuis huit jours, et dont les suites de couches ont été néanmoins des plus régulières.

« Ce résultat, dans des conditions aussi défavorables, est sans doute fort heureux, mais en sera-t-il toujours ainsi, et devons-nous être à l'aise, sans inquiétude, en présence d'un cas semblable ? Non, Messieurs, car on pourrait en dire bien long sur les conséquences possibles de cette cause de dystocie. En effet, elle peut être justiciable des accidents puerpéraux les plus graves, métrite, péritonite, gangrène utérine et vaginale, phlébite, convulsions, rupture de matrice et du vagin, mort d'enfant, tout peut lui être imputé. J'ajouterai qu'elle semble faite pour dérouter les débutants et même les praticiens peu habitués à l'imprévu et aux difficultés de l'art, et à les entraîner ainsi à de cruelles méprises, comme celle dont cette femme aurait été victime si, au lieu de l'envoyer à l'hôpital, son médecin avait eu plus de confiance en lui-même.

«Mais quelle était cette cause de dystocie?

« Comme réponse à cette seconde question, j'avoue que je serais peut-être moins embarrassé de dire ce que cette anomalie n'est pas que d'affirmer ce qu'elle est. Je tâcherai, néanmoins, en m'appuyant sur les commémoratifs, de donner de cette disposition particulière de l'utérus, une interprétation que je crois au moins vraisemblable, si elle n'est pas la vraie.

« Je l'ai dit, cette femme est primipare, quoique mariée légalement depuis deux ans et de fait depuis cinq ans (j'en ai reçu l'aveu). De plus elle nous renseigne que depuis toujours, à chaque époque menstruelle, il y a chez elle difficulté et douleurs dans l'apparition du flux périodique, sans que jamais, dans le cours de son existence, pas plus avant que pendant sa grossesse, elle eût éprouvé aucun trouble fonctionnel, soit du côté de la vessie, soit du côté du rectum, ou une sensation quelconque de pesanteur, de gêne ou de tiraillement dans le bassin, le dos, le bas-ventre ou le haut des cuisses. Eh bien ! une dysménorrhée habituelle chez une femme d'ailleurs bien portante, en l'absence de tout signe présomptif d'un déplacement quelconque du corps utérin, et cette fécondation tardive, surtout chez une personne de cette classe de la société où le mariage est souvent établi depuis fort longtemps avant de l'être légalement, et, je viens de le dire, c'était ici le cas depuis plusieurs années, font penser à la préexistence possible d'une maldisposition caractérisée aujourd'hui par une déviation qui peut être originelle ou acquise, et qui rend à la fois raison des troubles menstruels et de la conception tardive. Mais des empreintes de sangsues existent dans la fosse iliaque gauche et à la région sus-pubienne : Renseignements pris, nous constatons que quelques années auparavant, après trois mois de suspension des règles sans qu'il y eut grossesse, cette femme a été subitement atteinte d'une inflammation violente du bas-ventre, pour laquelle elle reçut les soins éclairés de mon adjoint actuel, M. le Dr Charlier, alors médecin attaché à un bureau de bienfaisance. N'est-il pas possible qu'à a suite de cette phlegmasie, qui paraît avoir été une pelvi-péritonite, il se soit formé des adhérences, des brides qui ont attiré et immobilisé le col utérin là où nous le trouvons aujourd'hui, et l'ont ainsi traîné en latéroflexion gauche, disposition qui, par le fait de la grossesse et surtout du travail, aura forcément amené un développement sacciforme de l'organe gestateur, comme cela se voit dans le cas de rétroflexion ou de rétroversion qui persiste et qui cependant n'amène pas l'avortement.

Congénitale ou accidentelle, et peut-être procédant des deux causes à la fois, se renforçant mutuellement, cette disposition du col existait avant et persistait même à un certain degré après l'accouchement. En effet, au moment de la sortie de l'accouchée, le dixième jour, nous l'avons soumise à un nouvel examen. Le vagin était lâche ; le corps de l'utérus, ni au palper ni au toucher, la femme debout ou couchée n'offrait rien d'anormal. Mais le col mou et largement béant, conservait encore un peu d'inclinaison, et peut-être un peu plus de fixité que d'ordinaire. Tout en ayant repris sa place au sommet du triangle utérin, il était toujours légèrement fléchi et tourné vers le côté gauche. Deux mois plus tard, c'est-à-dire le 23 février, le dégorgement est complet, et l'ordre est quasi rétabli. Seulement le col est élevé, court et fort échancré à gauche ; aboutissant à cette échancrure, qui simule plutôt une perte de substance, comme si le col avait été arraché à ses adhérences, il y a, à partir du tiers supérieur du vagin, deux saillies longitudinales, comme formées de tissu cicatriciel, et dont l'une plus longue, est plus proéminente que l'autre.

Mon premier examen en me démontrant que le corps de la matrice n'avait subi aucune déviation, considérant d'ailleurs qu'en cas d'engagement prématuré de la tête, l'orifice, s'il se déplace, se porte habituellement en arrière et en haut, et qu'il est généralement facile de le ramener au centre du bassin, que cela se rencontre surtout chez les multipares, où il y a présentation franche du sommet, et, le plus souvent, avec coexistence d'une inclinaison opposée du corps de l'organe, qu'il se porte, au contraire, en avant, et plus ou moins haut derrière et même au-dessus du pubis dans la rétroflexion et la rétroversion de la matrice, tenant compte de la dysmenorrhée habituelle et de la fécondation tardive ; malgré le désir de la femme de devenir mère, mon premier examen, dis-je, me fit écarter l'idée aussi bien d'une flexion ou d'une version de l'utérus, dont à aucune époque, nous l'avons vu, il n'a existé le moindre signe subjectif, et dont il n'y a aucune trace, actuellement, que celle d'une obliquité simple, ordinaire de son orifice.

Celui auquel je m'étais livré, le 23 février, en me faisant voir que le col avait repris sa place au sommet de la matrice, qu'il était mutilé du côté de sa déviation, et que deux saillies cicatricielles y aboutissaient, dissipa aussi de mon esprit l'hypothèse qu'il se pouvait que j'eusse affaire à ce que Chailly appelle une insertion anormale de cet orifice sur le segment inférieur de l'utérus. Car, comment expliquer dans ce cas le retour de l'organe à une configuration régulière, si la nature l'avait vicieusement conformé ? J'abandonnai donc encore cette idée pour admettre, enfin, cette disposition exceptionnelle, que je ne trouve mentionnée nulle part, à l'exclusion, bien entendu, et j'y insiste, de tout changement dans la situation du corps de la matrice, et à laquelle j'ai cru devoir donner, non pas sans une certaine hésitation, le nom que j'ai pris pour titre de ma communication : *Latéro-flexion du col*. De plus, ce dernier examen me donna la confiance que l'accouchement qui venait de se terminer si péniblement, aurait sans doute, pour triple résultat, de redresser définitivement l'organe, de régulariser le flux menstruel, et de rendre désormais la conception plus facile. L'avenir nous renseignera peut-être à cet égard.

A l'exception des deux faits pris dans l'ouvrage de Baudelocque, tous ceux qu'on vient de lire me paraissent devoir être rapportés à un développement exagéré de la région postérieure de l'utérus, l'antérieure, pour des raisons que nous aurons à rechercher, n'ayant pu la suivre dans cet accroissement.

Je suis loin d'en tirer la conclusion que ce qui a été constaté en arrière ne peut se rencontrer en avant, et qu'au lieu d'une déviaion du col au-dessus du pubis on ne puisse en constater une qui le dirige du côté, et même au-dessus de l'angle sacro-vertébral. Seulement, je me crois autorisé à signaler que ces cas sont plus rares ; j'ai même déjà dit que j'admettais la possibilité d'une pareille disposition portant sur l'une ou l'autre des régions latérales de la matrice. J'avoue cependant que je n'en ai jamais observé.

Quoi qu'il en soit il n'en est pas moins intéressant d'étudier la pathogénie de cette malformation utérine qui peut donner lieu aux complications les plus graves.

J'écarterai dès l'abord tout ce qui est relatif à la rétroversion, en conservant à ce mot, bien entendu, le sens qui lui convient. Ce déplacement utérin qui consiste dans un simple mouvement d'inclinaison, en masse, et qui suppose qu'à mesure que l'extrémité supérieure de son grand axe se porte en arrière, l'extrémité inférieure se dirige en avant et dans la même proportion, n'est pas possible après le cinquième mois de la grossesse. Or, dans les faits que j'étudie, les femmes étaient arrivées à terme ou très-près. Certaines déformations cyphotiques de la colonne vertebrale, dans lesquelles, au lieu d'une courbure à angle aigu, il se serait produit un arc étendu à large cavité antérieure, ne pourraient-elles permettre à l'utérus d'y trouver un refuge et expliquer un mouvement de bascule plus ou moins complet? Je ne le conteste pas et je me contente de dire que rien de pareil n'existait dans les faits dont j'ai parlé.

On ne saurait se contenter de l'explication donnée par le Dr Billi à la suite de l'observation qu'il a publiée. Il fait intervenir la constipation à laquelle la femme était sujette, les efforts violents et journaliers qu'elle provoquait, la laxité de ses tissus et autres raisons analogues qui, en définitive, ne permettent pas de comprendre ce qui s'est produit.

Walker Franck dont j'ai relaté l'observation n'admet pas plus que nous la possibilité d'une rétroversion utérine, et après avoir repoussé quelques autres hypothèses, il s'arrête à ce qu'il a appelé une *rétroversion partielle* de l'utérus à terme. Il n'entre d'ailleurs dans aucune explication qui permette de bien comprendre ce qu'il a voulu dire et ne donne aucun détail sur le mode de formation d'une semblable anomalie.

Mende est le premier qui me paraisse s'être rapproché le plus de la vérité. Il repousse la véritable rétroversion et il en admet une *fausse* qui n'est autre chose pour lui qu'une *dilatation sacciforme* de la paroi postérieure de la matrice. Cette dénomination a été acceptée par Kiwisch et Scanzoni, et rigoureusement il faut convenir qu'elle donne une idée exacte de la forme qu'affecte l'organe.

En traitant des obliquités de l'utérus au point de vue de l'influence qu'elles peuvent exercer sur le travail, *Chailly* (*Traité pratique de l'art des accouchements*, 2ᵉ édition, 1843), fait à la page 376 la réflexion suivante. « Cependant il peut arriver que le col soit fortement dirigé en arrière, sans inclinaison antérieure du corps par suite de l'insertion anormale sur l'utérus, et que cette disposition donne lieu aux difficultés que je viens de signaler. Il sera facile de distinguer ces accidents l'un de l'autre. »

Plus loin, en parlant de l'obliquité postérieure qu'il n'admet pas dans la grossesse à terme, il ajoute : « On trouve cependant dans les auteurs quelques faits rapportés comme des exemples d'inclinaisons postérieures de l'utérus à terme, mais ces faits ne sont, à mon avis, que des cas d'insertion anormale du col sur la partie de l'utérus. En lisant les observations rapportées par Merriman et Velpeau, on acquerra la certitude de ce que je viens d'avancer.

En effet, dans aucune, il n'est démontré qu'il y ait eu inclinaison postérieure de l'organe ; la situation du col paraît avoir appelé spécialement l'attention des observateurs, et c'est cette direction du col qui probablement leur a fait admettre une inclinaison dans le sens opposé pour le corps de l'utérus. Au reste, quelle que soit la cause de cet accident, les conséquences en sont toujours les mêmes, ainsi que les moyens d'y remédier. »

Cette explication de Chailly, à laquelle M. Hyernaux a fait allusion, est une pure supposition que rien ne justifie et qui ne repose sur aucun fait anatomique. Celle que ce dernier auteur a voulu lui substituer n'est pas moins arbitraire. Lui-même, d'ailleurs, en rédigeant l'intéressante observation qu'il a publiée sous le nom de *latéroflexion du col*, déclare que ce n'est pas sans une certaine hésitation qu'il a pris ce parti.

Mais comment et pourquoi ce *développement sacciforme* se produit-il? quelles sont les lois pathogéniques qui l'expliquent? Personne, que je sache, n'a suffisamment abordé cette partie de la question, et je vais essayer de combler cette lacune.

La première observation que renferme ce mémoire fut recueillie en 1857. Relatée dans le travail que M. le Dr Parise présenta à l'Académie, elle fut l'objet d'un rapport de M. Devilliers, qui me fournit l'occasion d'exposer devant cette Société savante mes vues sur la déviation exagérée du col qu'il m'avait été donné d'observer. Mais je n'entrai pas alors dans tous les détails que comportait le sujet. Je me contentai, dans une courte improvisation, d'appeler l'attention de mes collègues sur certaines irrégularités peu connues alors, que présente le développement de l'utérus pendant la gestation. Je m'efforçai de faire voir que ses diverses régions ne concouraient pas dans la même proportion au développement de l'organe, et que sur un assez grand nombre de femmes mortes pendant le cours de leur grossesse, j'avais toujours constaté des différences notables sous ce rapport. Je m'étais contenté d'ajouter qu'une pareille disposition, qui était l'état normal, n'avait pas une grande importance quand elle restait dans les limites ordinaires, mais qu'elle pouvait s'exagérer et donner lieu aux conséquences les plus graves au moment où l'expulsion du produit de la conception devait s'effectuer. Ma seconde observation m'a permise de démontrer, anatomiquement, que j'étais dans le vrai. Il me reste à faire voir qu'un pareil état est facile à comprendre en faisant intervenir certaines dispositions pathologiques de l'utérus antérieures à la grossesse, ou qui se seraient développées pendant son cours.

L'étude de l'utérus, depuis l'enfance jusqu'à la puberté, et même après l'établissement de la fonction menstruelle, apprend combien sont nombreuses les variétés que peut présenter cet organe dans sa forme et dans ses dimensions. Les médecins qui ont une pratique étendue, et par conséquent une expérience suffisante, savent combien ils sont consultés fréquemment par des femmes qui, mariées depuis une ou plusieurs années, ne sont pas encore devenues enceintes, et qui, préoccupées du plus cher de leur désir, viennent demander des conseils, et, dans tous les cas, à être renseignées sur leur véritable situation et sur les espérances qu'elles peuvent conserver pour l'avenir. En laissant de côté les faits nombreux, où, après examen sérieux de la femme et du mari, on est obligé de convenir [que la cause de la stérilité demeure absolument ignorée, il en reste beaucoup d'autres dans lesquelles l'état de l'utérus fournit une explication très-acceptable. Celui qui paraît se rattacher le plus directement au sujet dont je m'occupe, consiste dans un vice de conformation qui est connu sous le nom de *flexion de la matrice*, qui peut exister en avant, en arrière, et même sur les parties latérales. J'ai surtout en vue ici les flexions congénitales ou celles qui remontent aux premières années de la vie. Il n'est pas impossible de les observer, aussi, consécutivement à l'accouchement et à l'occasion du travail de régression qui lui succède ; dans ce cas elles peuvent avoir les mêmes conséquences lorsqu'à propos d'une nouvelle grossesse le tissu utérin est de nouveau appelé à s'hypertrophier. Parlons d'abord des flexions dites congénitales, et voyons ce que l'anatomie révèle alors. Je ne dois pas oublier de dire que parmi ces vices de conformation, l'*antéflexion* est incomparablement la variété qu'on rencontre le plus souvent. Quand on étudie alors le scalpel à la main l'état des parois utérines, voici ce qu'on trouve: La flexion a des degrés variables, cela est bien entendu. Presque toujours aussi, l'organe est plus petit dans son ensemble: Le col est moins gros, quelquefois assez long, mais presque toujours percé d'un orifice étroit, de forme souvent arrondie, et dans lequel la sonde utérine a parfois de la peine à pénétrer. Je n'ai pas besoin d'ajouter qu'il est le plus habituellement dirigé en avant, et que, quand on pratique le cathétérisme, la sonde, à laquelle on est obligé de donner une direction spéciale, ne pénètre qu'à 3, 4 ou 4 centimètres 1/2. Je laisse de côté certains faits dans lesquels l'atrophie est telle, que le corps de l'utérus n'existe qu'à l'état rudimentaire, ou même n'existe pas du tout.

Mais c'est surtout du côté du corps de la matrice qu'on trouve des dispositions qui nous intéressent particulièrement. Si on mesure la paroi antérieure dans son diamètre vertical, en suivant la courbe qu'elle forme, on constate qu'elle est beaucoup moins longue que la partie postérieure. Il semble qu'elle soit le siége d'une sorte des rétraction qui maintient la disposition insolite de l'organe. Son épaisseur est également inférieure à ce qu'on observe en arrière. Enfin, dans quelques recherches que j'ai faites, à ce sujet, il m'a paru que la densité de son tissu était plus considérable. Qu'il me soit permis de faire remarquer en passant, combien ces résultats anatomiques condamnent les tentatives de redressement mécanique qui ont eu une certaine vogue, il y a quelques années, et expliquent les graves dangers auxquels ils exposaient les femmes en même temps qu'ils rendent compte des insuccès constatés.

Les femmes dont la matrice présente la disposition que je viens de décrire ne sont pas rares. Souvent elles sont stériles et sujettes à tous les inconvenients de la dysménorrhée. Cette déformation de la matrice n'est pas toujours un fait isolé; elle se complique souvent d'un arrêt de développement de presque tout le système génital. Les parties externes sont plus petites et ont conservé plusieurs des caractères quelles offrent pendant l'enfance. Le vagin est quelquefois plus étroit et souvent beaucoup plus court, ce qui, pour le dire en passant, fait croire à un abaissement utérin qui n'existe pas et expose les femmes, pendant les rapprochements sexuels, à un traumatisme qu'il n'est pas rare de voir produire des conséquences assez graves. Cependant il y a de degrés variés dans cette malformation, et il n'est pas impossible que la fécondation se produise. Que pourra-t-il advenir alors? La paroi postérieure qui est presque à l'état normal se développera, s'hypertrophiera dans une proportion bien supérieure à celle qui pourra se produire dans la paroi antérieure, d'une part parce que celle-ci est moins étendue, et en second lieu parce que, par la nature de son tissu, elle ne peut pas répondre avec la même activité à l'impulsion vitale imprimée par la fécondation. Cette disproportion antérieure à la grossesse persistera, s'accentuera même: La paroi postérieure s'enfoncera de plus en plus dans l'excavation pelvienne; l'antérieure se relèvera en proportion et c'est ainsi que le col viendra se placer contre le bord supérieur de la symphyse pubienne et même à plusieurs travers de doigt au-dessus.

On me dira peut-être que pour que l'explication que je donne fût acceptable, il faudrait que le développement sacciforme de l'utérus ne fût observé que chez des primipares. Or, il résulte des 12 observations relatées dans ce travail, qu'il n'en est pas toujours ainsi. En effet, dans cinq de ses observations, il n'est fait aucune mention de la femme à cet égard, trois étaient multipares, trois primipares et une avait fait une fausse couche peu avancée. On pourrait à la rigueur rattacher cette dernière femme à la catégorie des primipares, ce qui en porterait le nombre à quatre et expliquer l'interruption de la grossesse par la disposition utérine dont j'ai parlé. Mais à quoi bon faire des hypothèses? Un état pareil à celui que je viens de décrire ne peut-il pas succéder à un accouchement et même à une fausse couche? Ce fait ne me paraît pas douteux.

Je suppose une femme devenant enceinte et parcourant toutes les périodes de la grossesse sans que rien d'insolite se produise dans le développement des parois utérines. D'un autre côté, au moment de l'accouchement tout se passe régulièrement, le col est trouvé à sa place habituelle et aucune difficulté ne se présente pour l'expulsion du produit de la conception. Mais que va devenir l'utérus? Les lois qui président à sa régression s'accompliront-elles toujours avec régularité? La régénération de la fibre utérine se fera-t-elle au même degré dans tous les points? On comprend sans peine qu'il puisse en être autrement, que cela tienne à un état inflammatoire ou à quelque cause inconnue. Dans cette supposition les conditions qui favorisent la flexion utérine avec ou sans raccourcissement de l'une des parois existent et la prédisposition au développement sacciforme ne saurait être niée. D'ailleurs la flexion de l'une des parois n'est pas la seule condition qui puisse expliquer le développement irrégulier de l'utérus pendant la gestation. Sans qu'il y ait changement de forme préalable, le tissu musculaire peut être demeuré altéré dans sa structure. Il peut être plus ferme, moins extensible et subir moins complètement les modifications qui ont leur point de départ dans la grossesse.

Beaucoup d'autres conditions pourraient être invoquées; je me contenterai de signaler la présence de fibromes et des interstitiels, en particulier, l'existence de fausses membranes, résultat d'anciennes inflammations allant de la partie supérieure à la région inférieure et bridant plus ou moins la paroi correspondante.

En résumé, je me crois autorisé à admettre que l'irrégularité dans le développement des diverses régions de l'utérus est un fait à peu près constant, et que, quand il reste dans les limites habituelles, il n'a aucune influence ou qu'il ne produit que des conséquences insignifiantes sur la marche du travail. Presque toujours dans ces cas c'est la partie antérieure qui a pris un développement exagéré. La région fœtale qui s'engage, s'avance coiffée par la paroi antérieure du segment inférieur, le col regarde plus ou moins haut, la face antérieure du sacrum. Tout cela n'a d'autre conséquence que de ralentir un peu la dilatation de l'orifice qui, habituellement, reprend spontanément sa place, ou auquel on la donne en l'attirant doucement avec le doigt pendant les contractions.

Il est bien entendu que ce n'est pas de ces cas que j'ai entendu parler dans cette étude, mais de quelques autres, beaucoup plus rares, dans lesquels l'exagération de l'arrêt de développement de l'une des parties de la matrice, conduit au développement excessif d'une autre région, et force le col à prendre une situation insolite qui en rend l'accès difficile et quelquefois même impossible. On a vu dans les observations précédentes, quelle influence funeste un semblable état exerce sur la marche du travail.

Je l'ai déjà fait observer, quoique mon but ait été d'étudier les cas *exagérés de développement sacciforme* de la paroi postérieure, il faut savoir que pareille disposition se rencontre dans la paroi antérieure, et qu'elle peut conduire à des complications non moins graves ; mais si je m'en rapporte à ce que j'ai vu et aux observations qui sont consignées dans les annales de la science, la première variété est incomparablement plus nombreuse. S'il est vrai, comme je le crois, qu'il faille faire intervenir une malformation congénitale ou acquise, cette différence dans la fréquence s'explique , la flexion utérine antérieure avec ses conséquences étant beaucoup plus commune que la disposition inverse.

Diagnostic. — Après avoir cherché à faire comprendre comment on pouvait se rendre compte du mode de développement de cette anomalie dans l'utérus des femmes enceintes, il me reste à parler des moyens à l'aide desquels on peut la constater sur le vivant. Je n'ai pas besoin de faire remarquer combien est intéressante cette question de pratique. Les faits que j'ai publiés démontrent que ce diagnostic n'est pas aussi facile qu'on pourrait le croire de prime abord. Il est bien entendu que ce qui va suivre s'applique au *développement sacciforme de la paroi postérieure.*

Prenons un cas bien accentué, et supposons le col au niveau du bord supérieur de la symphyse pubienne, et même au-dessus. L'examen du globe utérin à travers l'abdomen fait constater que la paroi antérieure n'est pas aussi saillante et aussi uniformément arrondie que dans les conditions habituelles. Parfois même elle est un peu aplatie. Si les membranes sont rompues, on peut voir des bosselures fœtales se dessiner ; si la partie qui est en bas n'a pu s'engager, ce qui est l'exception; elle forme une saillie en avant au-dessus du pubis. En palpant, on reconnaît que la région utérine qui est en arrière est largement développée, et qu'elle s'est emparée de tout ce qu'a pu lui céder la partie correspondante de la cavité abdominale. D'une manière générale, même quand les femmes parviennent à terme, ce qui n'est pas toujours, le volume de l'organe ne paraît pas correspondre au terme réel, ce qui se comprend, puisqu'une partie plus considérable se trouve logée dans l'excavation pelvienne. Toutefois, je ne saurais dire si les dispositions qui précèdent se rencontrent habituellement. Je les ai notées dans les faits qui ont été soumis à mon observation, mais je suis le premier à reconnaître combien seraient insuffisants de pareils caractères s'ils ne se liaient à d'autres résultats autrement importants qui sont surtout fournis par l'examen vaginal.

Quand dans les conditions communes on introduit le doigt dans le vagin, deux conditions peuvent exister; la partie fœtale est engagée, ou elle se tient encore au niveau du détroit supérieur. Dans le premier cas, on ne tarde pas à rencontrer une tumeur arrondie qui offre, souvent les caractères de la tête.

En longeant alternativement les deux parois de ce conduit, il semble que la paroi antérieure soit raccourcie et on atteint plus vite ce qui représente le cul-de-sac antérieur. La paroi postérieure, au contraire, qui est naturellement plus étendue, paraît comme allongée, et c'est en glissant entre elle et la tête qu'on trouve le col regardant plus ou moins en arrière. La brièveté de la paroi antérieure n'est qu'apparente. Sa portion [supérieure refoulée en bas recouvre la partie fœtale qui est surtout coiffée par la région antérieure du segment inférieur. Tout cela est facile à constater quand on a un peu l'habitude, et il n'y a que les commençants qui éprouvent des difficultés pour s'orienter.

Si, au contraire, au moment de l'examen, la partie qui se présente ne plonge pas dans l'excavation, la disproportion de la longueur des deux parois vaginales se trouve réduite à ce qu'elle est anatomiquement. Les deux culs-de-sac sont parfaitement tranchés. Le col est habituellement plus élevé, porté en arrière et on l'atteint sans difficulté.

Comment faut-il s'attendre à trouver les choses et comment les trouve-t-on, en effet, dans le développement sacciforme de la paroi postérieure? Nous savons que comme conséquence inévitable de cette disposition, le col s'est porté en avant et est venu se cacher derrière ou au-dessus du pubis. D'un autre côté par le fait même de cette anomalie une portion considérable de la paroi postérieure et inférieure de la matrice est forcée de chercher un refuge dans l'excavation du bassin, et presque toujours elle entraîne avec elle une partie fœtale. Aussi quand le doigt pénètre dans le vagin trouve-t-il des dispositions inverses de celles signalées précédemment. C'est la paroi vaginale postérieure qui est très-courte. Le cul-de-sac vaginal correspondant est effacé et cette paroi, comme attirée en avant, semble se terminer sur la partie saillante de la tumeur fœtale ; le doigt, au lieu de s'enfoncer pour la contourner, suit une direction oblique de bas en haut et d'arrière en avant, et est ramené malgré lui vers le centre du bassin. Ici encore cette brièveté de la paroi postérieure du vagin n'est pas réelle. La portion supérieure recouvre la partie fœtale et le cul-de-sac est transporté avec le col au-dessus de la symphyse pubienne. Il doit entraîner avec lui le péritoine qui, en s'appliquant sur la tumeur, expose le chirurgien à léser cette membrane séreuse s'il est conduit à faire intervenir l'instrument tranchant

En suivant la paroi antérieure du vagin, on constate des dispositions bien différentes. On cherche en vain pendant longtemps son extrêmité supérieure et, par conséquent, le cul-de-sac vaginal antérieur ; parfois on n'y parvient pas avec un doigt tout seul, ni même avec deux, et c'est ici que l'utilité de l'introduction de la main tout entière devient évidente. Il y a longtemps que, pour ma part, j'ai posé en principe que c'était un mode de toucher qu'il fallait faire intervenir dans un certain nombre de cas difficiles, alors que le diagnostic était obscur et que seul il était capable d'éclairer. Le chloroforme dont nous disposons aujourd'hui a d'ailleurs fait complètement disparaître les inconvénients attachés à ce mode d'investigation. Toutefois, il ne faut pas s'imaginer qu'il soit toujours facile d'utiliser la main dans les cas dont je parle. La tumeur profondément engagée et qui remplit presque entièrement l'excavation est parfois un obstacle sérieux qui ne permet pas de la faire utilement manœuvrer. Il a été quelquefois impossible d'atteindre l'orifice, et pour mesurer la profondeur du cul-de-sac antérieur, on a dû se servir d'une tige flexible et la faire glisser derrière le pubis. Je reconnais que ces cas sont rares et j'ai la conviction qu'en se servant des doigts et de la main on arrivera, à peu près toujours, à savoir à quoi s'en tenir. Je n'ai pas besoin de dire que quand on est parvenu à atteindre l'orifice, on lui trouve des dispositions variables, fermé ou entrouvert selon que les contractions utérines l'ont modifié, uniformément ramolli ou induré dans une partie de sa circonférence ainsi que je l'ai noté dans ma première observation ; dirigé en haut, ne avant ou en bas, et plus ou moins facile à se laisser entraîner par des tractions convenables. La vessie et le canal de l'urèthre ne sauraient rester étrangers au déplacement de l'organe avec lequel ils ont des connexions si intimes. Le réservoir de l'urine fortement attiré en haut et en avant occupe une position insolite, et pour pénétrer dans sa cavité la sonde doit avoir une longueur exceptionnelle. Le canal excréteur tendu et tiraillé s'accole à la paroi postérieure de la symphyse pubienne, et pour trouver son orifice externe, il faut le chercher beaucoup plus haut, car il est en quelque sorte caché derrière la paroi antérieure du bassin.

Voilà ce que l'examen attentif des faits que j'ai pu observer m'a permis de constater ; quand avec le doigt ou la main, on est assez heureux pour atteindre l'orifice, ces cas rares et difficiles deviennent faciles à interpréter : mais on aurait tort de croire qu'il en soit toujours ainsi. Le col peut occuper une région tellement élevée qu'il devient impossible de l'aborder, et la difficulté réside surtout dans le volume et la fixité de la partie engorgée, double condition qui ne permet pas toujours de glisser la main dans la fente étroite qui existe entre la tumeur et la paroi antérieure du bassin. Heureusement que parfois, lorsque le travail s'est déclaré depuis quelque temps, de nouveaux signes apparaissent qui viennent éclairer la situation et montrer d'une manière certaine que l'orifice existe ; je veux parler de l'écoulement du liquide amniotique, et même d'un peu de méconium. Il n'est pas même impossible qu'une procidence du cordon se produise, ainsi que j'ai pu l'observer dans un cas récent. il est bien clair que dans ces conditions aucun doute ne peut rester dans l'esprit : Il ne s'agit plus que d'arriver jusqu'au col, et la chose n'est pas toujours facile.

En effet, d'autres états pathologiques peuvent produire la déviation du col sans qu'il y ait rien d'irrégulier dans le développement des parois utérines. Le col d'ailleurs peut ne pas exister parce qu'il s'est oblitéré, et il est indispensable que j'entre dans quelques détails pour établir le diagnostic différentiel que soulèvent ces faits d'un autre ordre.

Diagnostic différentiel. Les déviations du col étrangères au développement sacciforme de la paroi postérieure de l'utérus ne sont pas rares pendant la grossesse, et elles sont dues, le plus habituellement, à des tumeurs de nature et d'origine variables qui repoussent petit à petit le segment inférieur de l'utérus en avant, et peuvent refouler le col jusqu'au-dessus de la symphyse pubienne. Les unes sont quelquefois fixées dès le début, par leur point d'attache, dans l'excavation du bassin; les autres, nées dans la cavité abdominale, mais jouissant d'une suffisante mobilité, ne pénètrent dans le petit bassin que pendant le cours de la grossesse ou même à l'occasion du travail de l'accouchement. Toutes d'ailleurs sont soumises à un développement à marche plus ou moins rapide, qui tient à leur nature propre ou qui leur est communiqué par le travail qui s'accomplit dans l'utérus gravide.

Parmi les premières se rangent les tumeurs osseuses ou fibreuses qui ont leur point d'implantation sur la face antérieure du sacrum, mais les cas en sont bien rares, surtout avec l'existence d'une grossesse. Les observations de tumeurs (fibromes ou kystes, etc.) développées dans l'épaisseur de la cloison recto-vaginale, se rencontrent plus souvent, mais le plus ordinairement elles ne prennent pas un accroissement considérable, et restent dans des limites qui ne changent que très-modérément la direction du col. Il n'en est pas de même des tumeurs fibreuses qui, naissant de la lèvre postérieure ou de la région correspondante du segment inférieur de l'utérus, se développent surtout du côté du péritoine, et viennent se loger dans la concavité du sacrum. On sait aujourd'hui quelle influence la grossesse exerce sur ces tumeurs ; elle imprime une activité toute particulière à leur accroissement, ce que je crois avoir démontré ailleurs d'une manière incontestable. Il n'est pas rare de voir un myome gros comme une noix avant la fécondation, présenter au moment de l'accouchement le volume du poing et même beaucoup plus. On sait aussi, aujourd'hui, que ces productions hypertrophiées par la grossesse, sont, comme l'utérus, soumises à une véritable régression après l'accouchement, sans toutefois revenir, au moins en règle générale, à leur volume primitif. Celles-là peuvent créer la plupart des conditions que j'ai dû noter à propos *du développement sacciforme.* Pour diagnostiquer les faits de ce genre, il faut un examen très-attentif et très-complet.

Je ne fais que mentionner les hématocèles rétro-utérines et la *rétroversion* de la matrice, les premières, parce qu'on ne les a pas observées pendant la grossesse, et qu'elles sont étrangères à mon sujet; la seconde, parce qu'elle ne peut exister, ainsi que je l'ai précédemment établi, que pendant les premiers mois de la gestation, et parce qu'elle constitue un état pathologique d'un ordre particulier, très-important,

sans aucun doute, mais qui s'éloigne complètement du sujet spécial
que j'ai voulu étudier.

Une seconde variété comprend des tumeurs diverses qui, nées dans
la cavité abdominale proprement dite, et par conséquent au-dessus du
détroit supérieur, peuvent dans un moment donné s'engager dans
l'excavation du bassin, et s'y trouver maintenues par l'utérus et les
parties fœtales qui sont dans le voisinage. Une pareille disposition
suppose qu'elles jouissent d'une grande mobilité et qu'elles ont un
pédicule suffisamment long ; ce sont des kystes de l'ovaire, des fibromes utérins insérés sur le corps et sur la partie supérieure de l'organe, ou d'autres corps fibreux qui se détachent de la face interne de
la paroi abdominale ou de quelques-uns des organes que le ventre
renferme.

Il est une autre variété de tumeur qui, exclusivement pelvienne au
début, ne tarde pas à s'étendre du côté de l'abdomen en refoulant au-
devant d'elle l'utérus tout entier, et en changeant, par conséquent, la
direction de son col ; je veux parler de la grossesse extra-utérine péritonéale greffée dans le cul-de-sac postérieur.

La simple énumération que je viens de faire et que j'aurais pu étendre davantage, si j'avais voulu y ajouter d'autres faits plus exceptionnels dont on trouverait quelques rares exemples dans la science, suffit pour établir qu'en dehors du *développement sacciforme* de la paroi
postérieure de l'utérus, beaucoup d'autres conditions se rencontrent
qui changent la direction et la situation du col. Dans toutes, il s'agit
d'une tumeur placée dans le bassin et qui, se développant d'arrière en
avant, repousse la partie inférieure de l'utérus, et rejette son col vers
la région pubienne.

Presque tous ces cas ont des caractères identiques à ceux que j'ai
indiqués à propos du *développement sacciforme* de la paroi postérieure,
et leur diagnostic repose sur la connaissance plus ou moins complète
que l'on peut acquérir de la nature de la tumeur qui plonge dans
l'excavation. Or, à ce point de vue, les difficultés sont très-variables,
et tiennent surtout à ce qu'on n'intervient habituellement qu'à une
époque avancée de la grossesse ou même quand le travail est déjà
commencé, c'est-à-dire, quand la déviation exagérée du col est un fait
accompli, et qu'elle ne peut cesser que si la tumeur vient à être sup-
primée ou déplacée. Il y a des fibromes qui par leur forme et leur résistance simulent à s'y méprendre, soit une tête fœtale, soit une présentation pelvienne : on ne peut les explorer qu'à travers la paroi de

l'utérus doublée par la région postérieure du vagin entraînée en avant par le col. Une fente plus ou moins large existe derrière la symphyse pubienne dans laquelle les doigts ne se meuvent qu'avec difficulté. Dans de semblables conditions, il ne faut pas se hâter de se prononcer et une investigation beaucoup plus complète doit être entreprise si on ne veut pas s'exposer à commettre des erreurs. Il faut après avoir endormi les malades, introduire toute la main aussi haut que possible, refouler la tumeur, si on le peut, reconnaître si elle est due à une partie fœtale ou si elle a une origine différente. Le toucher rectal ne doit pas être négligé, il fournira des renseignements utiles sur la nature et le point de départ de la tumeur. L'exploration de l'utérus par l'abdomen a aussi son importance. Les deux extrémités fœtales seront parfois reconnues, et dans une indépendance complète de ce qu'on touche dans l'excavation.

Le médecin se trouve dans des conditions bien autrement favorables quand il s'agit de malades qu'il connaissait avant la grossesse et qu'il a pu suivre jusqu'au moment de l'accouchement. Souvent alors il sait depuis longtemps qu'une tumeur existe, il a pu en étudier le développement progressif et assister en quelque sorte aux migrations qu'elle est capable de subir. Malheureusement il n'en est pas ainsi dans le plus grand nombre de cas ; les antécédents lui sont absolument inconnus et il ne peut demander qu'aux investigations du moment et à l'analyse rigoureuse des résultats qu'elles fournissent un guide plus ou moins sûr pour arriver au véritable diagnostic. J'ai eu occasion de voir un certain nombre de ces cas, relativement rares ; mais je me contenterai d'en rapporter un seul ici, qui s'est tout récemment offert à mon observation. C'est un véritable type très-propre à bien faire comprendre ce qui peut avoir lieu dans les faits plus ou moins analogues.

Obs. XII. Déviation considérable du col utérin en avant, produite par un fibrôme développé sur la partie inférieure de la paroi postérieure de la matrice.
Difficultés au moment de l'accouchement pour trouver le col et pour extraire l'enfant. Mort, autopsie (1).

La nommée St..., entre dans mon service, le 24 novembre 1876 et est couchée au lit n° 9. Cette femme est âgée de 36 ans, elle est mariée depuis environ onze mois et elle est enceinte pour la première fois ; elle est grande

(1) J'ai rédigé cette observation sur des notes très-exactes qui m'ont été fournies par mon chef de clinique, le Dr Martel.

et parfaitement conformée, quoique très-maigre et pâle, elle déclare qu'ell.
est habituellement d'une bonne santé. Elle a été réglée pour la première
fois à vingt ans seulement, et depuis cette époque l'écoulement menstruel
s'est reproduit régulièrement chaque mois, durant quatre ou cinq jours
chaque fois. Les dernières règles ont eu lieu le 25 janvier dernier. En tenant
compte de ce renseignement on est conduit à admettre qu'elle est arrivée
au terme de sa grossesse et que, peut-être même, elle l'a dépassé de quelques jours. Le volume de l'utérus quoique les eaux soient écoulées depuis
plusieurs jours, démontre aussi que le terme est arrivé.

A part quelques nausées et quelques vomissements survenus dans les
premiers mois, la grossesse a suivi une marche régulière et n'a été troublée par aucun incident qui mérite d'être signalé. Interrogée plus tard
sur la tumeur que nous avions constatée, elle affirme qu'elle n'a jamais
rien éprouvé qui pût lui en faire soupçonner l'existence, et que son abdomen,
loin d'offrir quelque saillie était habituellement très-plat.

Dans la nuit du 18 au 19 novembre, elle éprouva les premières douleurs
de l'accouchement qui n'offrirent rien de particulier. Quelques heures après
elles produisirent la déchirure de la poche des eaux et l'écoulement d'une
assez grande quantité de liquide. Des contractions utérines, douloureuses
et rapprochées durèrent pendant toute la journée du 19, mais dans la soirée,
elles se ralentirent d'une manière notable, sans toutefois disparaître entiè-
ement.

Une sage-femme qui avait été appelée, déclara, après examen, que tout
marchait régulièrement et que l'accouchement ne tarderait pas à se faire.
Il est bien probable, que ne rencontrant pas le col, elle avait cru à une
dilatation complète et à l'expulsion prochaine de ce qu'elle avait pris pour
la tête. Cependant la situation ne se modifiait pas, des douleurs moins fortes
et séparées par de plus longs intervalles (un quart d'heure, 20 minutes),
se répétèrent jusqu'au 22, la femme souffrant assez peu pour qu'elle pût
vaquer aux petits soins de son ménage. A ce moment, elle sentit quelque
chose qui sortait de la vulve et qui pendait entre les cuisses : La sage-
femme appelée en toute hâte constata qu'il s'agissait d'une procidence du
cordon ombilical. D'après le récit qu'elle nous fit lorsqu'elle conduisit
cette femme à la clinique, cette anse de cordon se serait détachée d'elle-
même sans que aucune traction eût été exercée. Je note ce dernier détail
tel qu'il nous a été fourni, et, sans avoir grande confiance dans le récit qui
nous a été fait ; cette portion de cordon me fut remise ; elle mesurait près
de 20 centimètres de longueur et quoique flétrie, elle offrait encore assez
de résistance pour que je ne puisse admettre, sans quelque réserve, qu'elle
se soit détachée toute seule. Quoi qu'il en soit, un confrère fut appelé : après
examen plusieurs fois répété, il lui fut impossible de trouver l'orifice, et,
jugeant le cas assez grave, il prit le parti de faire conduire la malade à
ma clinique.

J'ai déjà dit qu'elle y était arrivée le 24 novembre, par conséquent, cinq
jours après le début du travail. Je la vis dans la soirée, peu de temps après
son arrivée. L'examen de l'état général auquel je procédai, selon mon habi-

tude, me montra que j'avais affaire à une femme très-fatiguée par tout ce qui s'était passé chez elle, et je la trouvai dans des conditions qui me parurent graves. Le pouls était petit et très-dépressible, il battait 112 fois par minute; la langue était sèche, le visage profondément altéré, il y avait de l'agitation, le ventre était assez sensible pour rendre l'exploration difficile. Un écoulement sanieux et fétide avait lieu par les parties génitales.

L'utérus quoique privé du liquide amniotique présentait bien le volume qui lui appartient quand la grossesse est à terme, sa forme était ovalaire, son diamètre vertical paraissait considérable eu égard surtout au diamètre transversal qui était petit. Dans la partie sus-pubienne et médiane apparaissait une saillie régulièrement arrondie. On aurait dit qu'il s'agissait de la moitié d'une sphère de dix centimètres de diamètre appliquée par sa base sur ce point de la matrice. Comme un petit corps fibreux, de la grosseur d'une noix, existait plus haut sur la partie antérieure du corps de l'organe, on pouvait se demander si cette tumeur n'était pas aussi constituée par un fibrôme à large base, tendant à devenir saillant du côté du péritoine ; mais elle n'avait ni la forme, ni la consistance qui appartient d'ordinaire à ces corps étrangers et il était beaucoup plus probable qu'il s'agissait d'une partie fœtale repoussant le point correspondant de l'utérus. La sensibilité et la rétraction de cet organe ne permettaient pas d'explorer suffisamment pour éclairer ce point. Je remis à plus tard, pour savoir à quoi m'en tenir. On verra, par la suite, que j'avais bien fait de ne pas me prononcer pour un corps fibreux.

Le doigt introduit dans le vagin était immédiatement arrêté par une grosse tumeur lisse, dure et arrondie qui appuyait sur le périnée, son volume étant à peu près celui de la tête d'un enfant à terme, et, de prime abord, on aurait pu se prononcer pour une présentation du sommet. Cependant la consistance n'était pas tout à fait la même, on n'avait pas cette sensation de résistance osseuse qui appartient à la tête. Elle était solidement fixée dans le bassin et aucun mouvement ne pouvait lui être imprimé. Son grand diamètre était placé transversalement et elle était un peu aplatie d'avant en arrière.

Entre la tumeur et la symphyse pubienne, existait une fente étroite dans laquelle le doigt passait en longeant la face interne du pubis, et avec beaucoup de peine on arrivait à toucher le col qui était à un centimètre environ au-dessus de cet os. Il était un peu dévié à gauche ; il offrait encore dix à douze millimètres de longueur, du reste il était souple dans toute sa circonférence et admettait l'extrémité du doigt qui ne pouvait cependant atteindre jusqu'à la partie fœtale qui devait lui correspondre. La certitude de la mort de l'enfant rendait inutile l'examen stéthoscopique et il ne fut pas employé.

Après cette investigation faite avec tout le soin possible, je réunis mes élèves à l'emphithéâtre, et je discutai devant eux les différentes hypothèses qu'on pouvait faire. J'écartai dès l'abord l'idée d'une rétroversion uterine, par cette raison péremptoire, qu'elle n'est pas possible à cette époque de la grossesse. Je ne m'arrêtai pas davantage sur l'existence d'une oblitération du col, l'écoulement du liquide amniotique et l'expulsion d'une portion du cordon que j'avais sous les yeux ne me permettaient pas de penser à un pareil vice de conformation. Je ne pouvais hésiter qu'entre un développement sacciforme de la paroi postérieure de la matrice et la présence d'une tumeur qui aurait progressivement poussé en avant, la partie inférieure de cet organe. Après avoir indiqué à mon auditoire en quoi consistait le développement sacciforme, je conclus en disant que mon diagnostic n'était pas fait, que pour l'établir définitivement, j'avais besoin de déterminer d'une manière positive, quelle était la nature de la tumeur qu'on sentait dans le bassin, et pour arriver à un résultat j'annonçai que j'allais endormir la femme et me livrer à une nouvelle exploration avec la main introduite dans le bassin.

Je revins dans ce but à la salle d'accouchements; j'endormis la femme, et quand l'insisibilité fut complète, j'introduisis très-péniblement la main dans le vagin et ce ne fut pas chose facile que d'arriver avec les doigts jusqu'à l'orifice. Le peu d'espace qui existait entre la tumeur et le pubis rendant le mouvement des doigts fort difficile. Cependant je parvins à en introduire d'abord deux, puis trois dans le col, et en les écartant j'obtins facilement un certain degré de dilatation. Je reconnus en même temps que la tumeur n'était pas formée par l'utérus lui-même mais qu'elle lui était accolée. Elle me parut dure, quoiqu'un peu compressible, et partir de la partie supérieure de la cloison recto-vaginale ou plutôt de la région inférieure de la paroi postérieure de l'utérus. J'annonçai qu'il s'agissait d'un fibrôme utérin. La constatation d'un autre corps fibreux sur la partie supérieure de l'utérus et les résultats du toucher rectal que je pratiquai me donnèrent sous ce rapport une conviction définitive.

Le point fondamental était de m'être assuré qu'il y avait une tumeur derrière l'utérus et qui obstruait en grande partie l'excavation. D'un autre côté j'avais constaté à plusieurs reprises que cette tumeur était immobile et qu'il était impossible de la faire remonter. Je revins au col que j'avais un peu agrandi avec l'extrémité de mes doigts et je reconnus un pied au-dessus de lui, mais j'essayai inutilement de le saisir. Les tentatives que j'avais faites réveillèrent les contractions utérines, ce qui me permit d'espérer que la dilatation augmenterait encore et que l'extrémité pelvienne descendrait. En conséquence je décidai que j'attendrais jusqu'à trois heures. A ce moment je trouvai les choses à peu près dans le même état ; là temporisation ne me parut plus permise et je me décidai à terminer cet accouchement. Je donnai de nouveau du chloroforme, j'introduisis la main et je fis de vains efforts pour saisir un pied que je sentais au bout de mes doigts mais qui glissa toujours, vu que je ne pouvais le prendre que par l'extrémité des orteils; le volume de la tumeur retenant ma main ne lui permettant pas d'aller plus haut. Je pris alors de longues pinces à dents que je conduisis, à l'aide d'une main placée dans le vagin, jusqu'au pied; j'en écartai les mors et alors je pus le saisir et le faire descendre sans trop de difficulté. C'était le pied gauche que je ne tardai pas à amener jusqu'à la vulve et que je fixai avec un lacs, ce qui me servit à le maintenir et à exercer des tractions. Peu à peu je fis descendre le siége jusqu'à la vulve. Un crochet mousse fut alors glissé dans le pli de l'aine, du côté droit, et le bassin fut dégagé. L'extraction du tronc et des bras ne rencontra pas de trop grandes difficultés, mais il n'en fut pas de même pour la tête qui résista davantage; elle fut entraînée avec deux doigts qui parvinrent à accrocher la mâchoire inférieure. En résumé, l'extraction de l'enfant ne donna pas lieu à des difficultés excessives, et cela s'explique par l'état de décomposition qu'il présentait (la mort remontant à plusieurs jours,) ce qui permit de l'aplatir et d'éluder ainsi l'obstacle créé par la tumeur.

Etat de l'enfant. Son poids est de 3,120 grammes. Il a environ 49 centimètres de longueur. Il n'est pas emphysémateux, mais il exhale une odeur fétide. L'épiderme est soulevé en plusieurs points. Les os du crâne chevauchent les uns sur les autres. Le cerveau est réduit en bouillie et le crâne ne représente plus qu'une espèce de sac qui s'affaise sur lui-même quand on le place sur un plan résistant.

Quand la femme se réveille, je constate que l'état général noté à son entrée à l'hôpital est à peu près le même : visage altéré, pouls petits et fréquent (120), sensibilité de tout le ventre ; je prescris un cataplasme, des injections avec l'eau de guimauve et une potion avec 60 grammes de cognac.

26 novembre. A la visite du matin, beaucoup d'abattement, ventre ballonné, douloureux partout, mais surtout dans la région sous-ombilicale, l'utérus assez retracté s'élève jusqu'au niveau de l'ombilic. Pouls à 138 ; température 36, 8. — Onctions mercurielles et belladonées, cataplasmes. Tilleul orangé, potion diacodée. Injections. Bouillon, potages et bordeaux.

Le soir, même état ; pouls à 120 ; temp., 37,6.

27 novembre au matin. L'état général s'est peu modifié. Pouls, 112; température, 38,6. On continue le traitement de la veille, et on ajoute des injections au permanganate de potasse.

Le soir. Il y a un frisson dans la journée. Pouls à 108, temp. 38,8.

28 novembre. La prostration est plus grande. Le pouls et la température sont comme la veille au soir. Les onctions mercurielles sont continuées ; il en est de même des injections. On ajoute une potion avec 60 grammes eau-de-vie. Les seins sont restés flasques, et rien n'annonce un travail de sécrétion laiteuse. Les lochies consistent en un écoulement noirâtre très-fétide. On augmente le nombre des injections au permanganate.

29 novembre. Même état général. Pouls à 116 ; temp. 37,6. Le ventre est toujours douloureux, et la malade se plaint surtout du côté gauche. Au traitement suivi, on ajoute 12 sangsues.

Le soir, pouls à 108. Temp. 39.

Le 30, faciès un peu grippé, pouls à 96. Temp. 37,3.

Le soir, il y a des nausées et le ballonnement du ventre augmente.

1er décembre. Des vomissements verdâtres ont eu lieu. On porte à 3, le nombre des pilules thébaïques. Pouls à 130. Temp. à 39,6.

Le soir, temp. est à 41, le pouls à 140, les vomissements continuent, les seins sont toujours flasques, le fond de l'utérus est à deux travers de doigt au-dessous de l'ombilic.

Le 2, grande agitation toute la nuit et vomissements incessants; les onctions mercurielles n'ont produit aucune éruption sur la peau du ventre. L'utérus est toujours volumineux, et malgré les injections, les lochies continuent à être fétides.

Le soir, plusieurs petits frissons, vomissements, pouls à 148, temp. 39°,. Le ventre est demeuré très-douloureux surtout à gauche.

Le 3, nuit agitée et sans sommeil, vomissements incessants; l'utérus conserve son volume; pouls a 140, petit, intermittent. [temp. 39,6. Sulfate de quinine 60 centig. 2 pilules ext. thébaïque, potion avec cognac. Injections, potage, bouillon, etc.

Le soir, état de prostration extrême, les vomissements ont diminué, mais il y a eu plusieurs frissons. Une sueur abondante recouvre le corps, pouls à 130. Temp. 39,4.

Le 4, du délire pendant la nuit, visage profondément altéré. Temp. 140. La mort a lieu à 10 heures du soir.

Autopsie. — L'examen du cadavre fait 24 heures après la mort m'a permis de constater l'existence d'une péritonite généralisée. Les anses intestinales sont peu développées par des gaz, mais elles sont agglutinées entre elles et tiennent aux parois de l'abdomen, par de larges pseudo-membranes, ayant l'aspect et la consistance fibrineuse. Elles sont jaunâtres et cèdent facilement à une traction modérée. Le péritoine est rougeâtre et fortement injecté partout. Une petite quantité de liquide purulent existe dans le cul-de-sac péritonéal postérieur (deux ou trois cuillerées à peine).

L'utérus, dont le tissu est sain, est flasque et volumineux; son diamètre vertical a 18 centimètres, le transversal 14, et l'antéro 6 1/2. La trompe du côté droit se détache des parois un centimètre plus haut que celle du côté gauche. Le col correspond, à peu près, à l'extrémité inférieure du diamètre vertical. Il n'est pas déchiré et se présente sous la forme d'une fente transversale. Il ne porte pas de traces de contusion et il n'est pas volumineux.

Sur la partie médiane de la paroi antérieure et à peu près à égale distance du fond et du col, on voit se détacher une grosse tumeur fibreuse à l'aide d'un pédicule très-court qui a à peine 2 centimètres de longueur et à peu près trois d'épaisseur, il est un peu applati d'avant en arrière. L'extrémité qui tient à la tumeur présente deux ou trois fissures dirigées transversalement et qui ont 2 ou 3 millimètres de profondeur; on dirait qu'elles sont le résultat de tiraillements, qui poussés un peu plus loin auraient pu le séparer entièrement. La tumeur a une forme ovalaire notablement applatie d'avant en arrière. Elle est couchée sur la partie inférieure de la matrice. Son diamètre transversal est de 13 centimètres; elle a d'avant en arrière 7 centimètres d'épaisseur et environ 10 verticalement. Son extrémité gauche est un peu plus volumineuse que la droite. D'une manière générale on peut dire qu'elle a beaucoup de la forme d'une tête d'enfant à terme. Elle peut être facilement soulevée, mais si on l'abandonne, elle retombe en bas et reprend sa place habituelle qui lui est imposée par la direction du pédicule.

Sa consistance est celle des fibrômes dans toute son étendue et rien n'indique qu'elle renferme quelque excavation remplie de liquide. Il est bien évident que cette tumeur avait dû s'accroître dès le début de la grossesse du côté de l'excavation qu'elle occupait au moment de l'accouchement sans qu'il fût possible de l'en déloger.

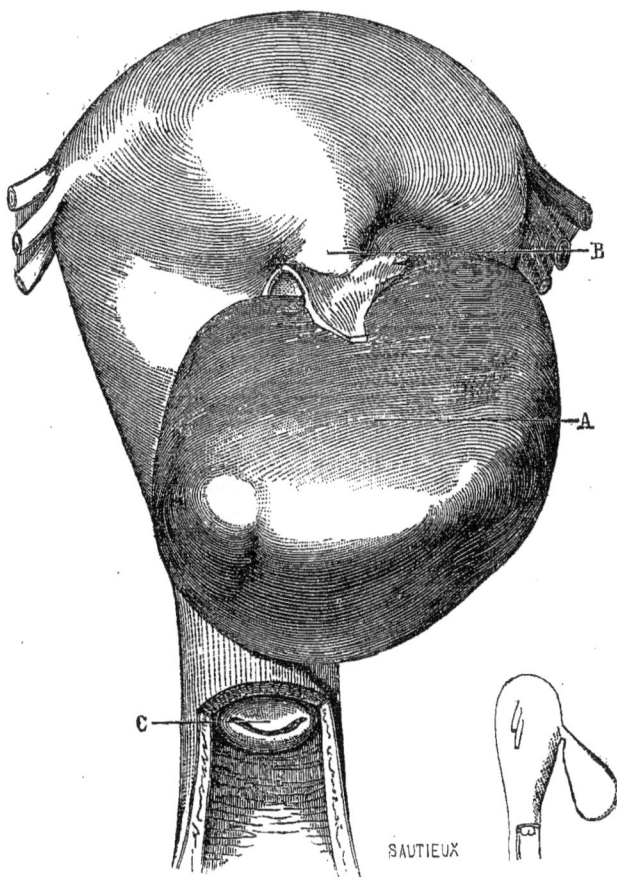

La grande figure fait voir la face postérieure de l'utérus.

(*a.*) Tumeur fibreuse vue par sa face postérieure.

(*b.*) Pédicule de la tumeur avec ses fissures.

(*c.*) Col utérin.

La petite figure montre la tumeur soulevée.

J'ai rapporté l'observation qui précède avec des détails suffisants pour qu'il soit inutile de la faire suivre de commentaires. Tout semblait disposé comme dans le *développement sacciforme*, et ce ne fut qu'après avoir constaté la nature de la tumeur et ses rapports réels avec la matrice, que le diagnostic fut définitivement éclairci. Dans d'autres cas, la tumeur qui est emprisonnée dans le bassin contient du liquide, c'est un kyste de l'ovaire le plus souvent; ce pourrait même être un kyste hydatique, comme dans l'observation publiée en 1866 par M. Guéniot. Mais dans ces cas elle offre une élasticité spéciale qui éloigne l'idée d'un corps solide, et dans la supposition d'une poche hydatique, elle peut fournir la sensation d'un frémissement caractéristique, ainsi que cela a été constaté par notre confrère. Une ponction, dans ces deux hypothèses, aiderait à établir le diagnostic.

La grossesse péritonéale peut faire naître des conditions spéciales qui augmentent les difficultés. Dans un mémoire que j'ai publié dans ce recueil, j'ai fait voir que la déviation du col en avant était la règle lorsque l'œuf s'était greffé dans le cul-de-sac péritonéal postérieur. Les observations démontrent, en outre, que le fœtus peut se développer jusqu'au terme ordinaire des gestations normales, et même au delà. Si, comme cela est arrivé plusieurs fois, la tête est dans le bassin, et si elle est reconnue d'une manière non douteuse à travers le segment inférieur, il faut, pour ne pas se tromper, ne pas oublier toutes les phases par lesquelles passe cette gestation anormale, et s'il en était besoin, s'assurer par le cathétérisme que l'œuf n'est pas dans la cavité utérine.

Il est encore un autre état pathologique qu'il ne faut pas oublier quand on se trouve en présence d'un de ces faits exceptionnels, je veux parler de l'oblitération complète de l'orifice externe. J'ai publié en 1860 un travail sur ce sujet; j'y ai relaté trois observations tirées de ma pratique. Depuis ce temps, j'en ai rencontré deux autres cas, et cependant on a pu voir, par mon observation deuxième, que mon expérience, relativement grande pour des faits aussi rares, avait été mise en défaut. Je reconnais que ce qui m'a surtout induit en erreur, c'est une espèce de cicatrice que j'avais constatée sur la partie saillante de la tumeur. Je n'ai pas tenu un compte suffisant du renseignement qui avait été donné, à savoir qu'il s'était écoulé un peu de liquide quelques jours avant. Comme cela ne continuait pas, j'ai supposé que la femme s'était fait illusion sur ce point, comme cela arrive si souvent;

mais ce sur quoi je n'ai pas porté, surtout, une attention suffisante, c'est la forme de la partie supérieure du vagin. Dans l'oblitération du col, les parois antérieures et postérieures de ce canal sont à peu près d'égale longueur, et, dans tous les cas, il est facile d'atteindre leur limite supérieure. La tumeur qui pousse au-devant d'elle le segment inférieur de l'utérus raccourcit le vagin, et il devient plus facile à explorer dans toutes ses parties. Quand le col existe et qu'il est simplement porté en avant, la paroi postérieure du canal vulvo-utérin paraît très-courte, et cette apparence s'explique par des raisons que j'ai précédemment indiquées. La paroi antérieure, au contraire, est beaucoup plus longue, de telle sorte que parfois on a de la peine à atteindre sa limite supérieure, et quelquefois même elle est tout à fait inaccessible à l'aide des moyens ordinaires. Une fente variable en largeur existe entre le pubis et la tumeur, et constitue un des caractères les plus importants. C'est de ce côté surtout qu'il faut diriger les moyens d'exploration, et j'ai la conviction qu'ils resteront rarement sans résultats décisifs.

Pronostic. D'une manière générale, on peut dire que le *développement sacciforme* de la paroi postérieure de la matrice constitue un état très-sérieux et qui peut entraîner les conséquences les plus graves. Il convient, toutefois, de distinguer les cas où la déviation du col est modérée, et ceux où elle est excessive. Dans la première condition, le col est facile à reconnaître; l'infundibulum formé par la paroi postérieure, et qui renferme une partie fœtale, descend moins bas et remplit moins complètement la cavité du petit bassin. Le travail est plus long que d'habitude, le col se dilate avec moins de facilité, mais il n'est pas impossible que sa déviation se corrige peu à peu d'une manière suffisante pour permettre à l'enfant de s'y engager, surtout si c'est par l'extrémité pelvienne qu'il se présente. La vie de ce dernier est d'ailleurs presque toujours compromise, ainsi que le démontrent les observations rapportées dans ce mémoire. Le cas de Walker Frank est le seul qui fasse exception, quoique le travail eût duré plusieurs jours.

Mais quand le col est fortement attiré en avant et au-dessus de la symphyse pubienne, ce qui implique une différence plus considérable entre le développement de la paroi antérieure de la matrice et celui de la paroi postérieure, on peut s'attendre à des difficultés beaucoup plus grandes qui se comprennent sans peine, et qui sont d'ailleurs démontrées par les faits connus. Dans l'état normal, le col utérin correspond à peu près à l'extrémité inférieure du diamètre vertical de l'organe; l'action des fibres expultrices se transmet à lui d'une manière régulière, et ne tarde pas à triompher de la résistance qu'opposent les fibres circulaires. Il n'en est plus ainsi dans les cas de *développement sacciforme exagéré*. La partie fœtale contenue dans l'espèce de sac formé au dépens de la paroi postérieure, est l'aboutissant des efforts de la matrice; plus ils se répètent et plus le sac s'abaisse. C'est ainsi que la tumeur peut descendre jusqu'à la vulve. Le tissu utérin qui la recouvre s'amincit, il devient douloureux, il s'enflamme. Il pourrait se déchirer et même se gangrener. Quant au col, il est placé en dehors de la sphère d'action de l'utérus. Aussi, reste-t-il pendant longtemps étranger à ce qui se passe, et ce n'est que par ricochet, en quelque sorte, qu'il cède un peu aux tiraillements que la tumeur exerce sur lui en s'abaissant. Aussi, n'est-il pas rare de le trouver peu ou pas modifié du tout, après plusieurs jours de travail. Quelquefois même ces tiraillements peuvent produire un résultat fâcheux : ils tendent la lèvre postérieure qui, ne pouvant être suivie par la postérieure, devient rigide et oppose un nouvel obstacle à l'exploration. C'est à un résultat de ce genre que j'ai cru devoir rapporter une disposition particulière qui se trouve mentionnée dans ma première observation.

D'un autre côté, ce n'est pas sans danger que les contractions utérines s'exercent en vain pendant plusieurs jours ; elles peuvent avoir pour conséquence la métrite et même la péritonite. Un état général pareil à celui qu'on désigne sous le nom de surmenage chez les animaux, se produirait sans aucun doute, si par une intervention opportune on ne faisait cesser les efforts impuissants de la nature. A tout cela il faut ajouter que la putréfaction de l'enfant mort depuis plusieurs jours (les membranes étant rompues) peut créer des dangers d'un autre ordre, en soumettant la femme aux graves conséquences de l'infection putride. Malgré tout cela, l'analyse des faits dont j'ai parlé permet d'établir que si le pronostic est d'une excessive gravité pour les enfants, il n'en est pas de même pour les mères, puisque presque toutes celles dont j'ai parlé ont survécu.

Traitement. Les conditions dans lesquelles on est appelé à intervenir sont excessivement variables, et il serait bien difficile de tracer une règle de conduite applicable à tous les cas. Je ne puis donc, dans ce qui va suivre, qu'indiquer quelques règles générales en laissant au chirurgien le soin de puiser dans les indications du moment le choix des moyens à mettre en usage. Quand on est appelé dès le début, et qu'on a constaté la position insolite du col, il faut faire une part suf fisamment large aux efforts de la nature, sans toutefois compromettre la vie de la mère ou celle de l'enfant. Le cas de Walker-Frank prouve qu'il n'est pas impossible que l'issue soit favorable pour les deux. On peut, quand l'orifice est accessible, attirer en bas et en arrière la lèvre postérieure et rendre plus efficace l'action des contractions utérines; on pourrait même agir avantageusement avec l'extrémité des doigts pour aider doucement à la dilatation du col. Lorsque celui-ci est suffisamment ouvert, si l'enfant se présente par l'extrémité pelvienne, il serait indiqué, je crois, de saisir les pieds et de les engager, sauf à attendre une dilatation à peu près complète avant d'opérer l'extraction définitive. De cette façon, le col serait maintenu dans une direction plus favorable, et tout serait beaucoup simplifié pour le reste de l'accouchement. On ferait bien aussi de fixer au moins un pied avec un lacs pour ne pas s'exposer à le voir remonter dans la cavité de la matrice. Dans les cas qui nous occupent, je ne pense pas que les différentes positions qu'on pourrait faire prendre à la femme puissent être d'un grand secours, et il serait certainement de même des pressions qu'on exercerait sur l'enfant à travers les parois abdominales. Ce qui précède s'applique surtout au cas où la déviation est modérément accentuée ; mais l'observation nous a appris que quand il en est autrement, il faut s'attendre à des difficultés d'un autre ordre, et savoir qu'elles sont en raison de la part plus ou moins prononcée qui revient à la paroi antérieure de l'utérus, dans le développement de cet organe et à l'engagement plus ou moins considérable de la partie qui se présente.

Si on n'a pas assisté au début du travail, et s'il dure depuis longtemps, quand on est appelé à intervenir, les eaux sont généralement écoulées, et on ne peut pas compter sur le refoulement de la tumeur. Il convient cependant de s'assurer s'il est possible ou non, car si on pouvait la remonter au-dessus du détroit supérieur, on améliorerait certainement la situation en désobstruant l'excavation, ce qui permettrait à la main d'aller plus facilement jusqu'à l'orifice et d'agir sur lui pour le faire descendre. L'état du col peut fournir quelques indications particulières. J'ai dit pourquoi il ne se dilatait pas, et comment, par le fait même de sa situation, il pouvait se tendre dans une partie de sa circonférence, qui devenait à son tour un obstacle nouveau. A la rigueur même, cette rigidité pourrait être étrangère à la conformation vicieuse de l'utérus. Cet état peut réclamer une intervention spéciale ; quand le doigt est impuissant pour triompher de cette résistance, c'est à l'hystérotomie vaginale qu'il conviendrait de recourir, c'est aux incisions multiples et de peu de profondeur (3 ou 4 millimètres), qu'il faut donner la préférence. Les grandes incisions sont inutiles, et je n'ai pas besoin d'en faire comprendre les dangers. C'est ainsi que je me suis comporté dans la première observation, et on a vu qu'elles furent suffisantes pour me permettre d'aller saisir l'extrémité pelvienne et de terminer l'accouchement. Si on rencontrait un cas dans lequel le col serait tellement haut et dans lequel la tumeur ne permettrait pas à la main d'arriver jusqu'à lui, ne pourrait-on pas essayer de le saisir avec un crochet mousse et de l'attirer en bas? Je n'hésiterai pas à recourir à ce moyen avant de me décider à une opération plus grave ; mais on peut prévoir des conditions telles, que toutes ces tentatives soient infructueuses, et on pourrait être appelé à décider s'il ne conviendrait pas de faire intervenir une autre variété d'hystérotomie vaginale, qui ne consisterait plus en de simples incisions sur l'orifice mais qui aurait pour but de faire une ouverture sur la région du segment inférieur de l'utérus qui recouvre la partie fœtale profondément engagée. Je n'ai pas besoin de dire que ce ne serait qu'après avoir épuisé toutes les autres ressources, qu'on pourrait songer à une opération de cette gravité.

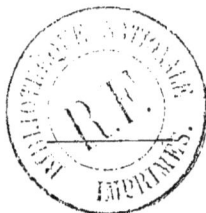

Paris. — Typ. A. PARENT rue Monsieur-le-Prince, 31.

www.ingramcontent.com/pod-product-compliance
Lightning Source LLC
Chambersburg PA
CBHW071235200326
41521CB00009B/1488